策略到執行，五大階段成熟度模型引領企業成為數位經濟贏家

邢豔平 著

重構競爭力

從混亂到穩定的系統進化法

COMPETITIVENESS

**從流程效率到人力資本投資
成熟度模型全面助力組織突破成長瓶頸**

從隨機發生到持續最佳化的五階段系統化進化之路
以真實案例解析並提供實踐方案，管理者輕鬆應對組織變革！

目 錄

寫在前面

推薦序一

推薦序二

推薦序三

第一部分　組織與管理

　　第 1 章　組織與組織進化之路 …………………………………… 024

　　第 2 章　成熟度視角下的管理 …………………………………… 063

第二部分　實踐和機制

　　第 3 章　向領袖要生存 …………………………………………… 078

　　第 4 章　向人才要績效 …………………………………………… 083

　　第 5 章　向業務變革要成果 ……………………………………… 119

　　第 6 章　用能力適應變化 ………………………………………… 155

　　第 7 章　向創新要未來 …………………………………………… 165

目錄

　　第 8 章　成熟度視角下組織的進化與變革 …………………… 175

　　第 9 章　組織的演進：惠普 77 年 ………………………………… 184

第三部分　人和組織的未來

　　第 10 章　組織的發展與人力資本 ……………………………… 208

附錄　簡說流程管理

參考文獻

致謝

寫在前面

寫在前面

你是否對「高人才密度組織」、「建構核心競爭力」、「組織適應外部環境變化」、「持續創新」這些話題很感興趣？是否想擁有不同階段組織建設的有效指南？如果你有類似的需求，說明你是一個站在全局視角思考組織的人。但面對現實環境，你是否又會對了解組織、發展組織感到無所適從呢？

本書將為上述問題提供指南。和其他組織、人力資源管理書籍不同，本書從成熟度的視角闡述組織進化與變革之路。成熟度涉及三個視角：組織、人力資源和流程（此處不單指人力資源流程，而是指所有業務流程）。它從一個系統成長的視角來告訴我們，在不同的階段，組織、人力資源活動和流程管理所處的狀態，以及應該如何抓住主要矛盾來發展我們的組織，推展人力資源實踐活動，提升流程能力。

組織為成員提供履行職責的環境，流程是組織成員履行職責的載體。根據成熟度不同，針對不同階段、聚焦於推展不同的人力資源實踐活動，「激發」組織成員的活力，便能最大程度地使組織及其成員在市場競爭中受益，不斷累積「人力資本」。這將有效改善組織中「人」的管理活動和「流程」管理活動分離，以及人力資源實踐中「做事不分輕重緩急」的現狀，提升人與流程管理的一致性和效率，使組織進化得以實現，客戶需求得以持續滿足。

1954 年，彼得・杜拉克首次提出「人力資源」這一概念。此後，隨著技術、產業和跨國公司的迅速發展，人們對人力資源管理或人力資源的概念逐漸耳熟能詳。人力資源管理在全世界商學院體系中已經發展成為「顯學」專業；在產業界，更是成為規模組織中必備的職能。但是，在實踐和創新過程中談起人力資源的管理時，人們還是莫衷一是。

相比較於人力資源，人力資本倒是被刻劃得更為清晰。人力資本是

典型的經濟學概念，從亞當斯密（Adam Smith）開始，一直到阿爾弗雷德·馬歇爾（Alfred Marshall）等一眾經濟學家都討論過這個話題，狄奧多·W·舒茲（Theodore W. Schultz）更是在1960年美國經濟學年會上的演說中系統性地闡述了人力資本理論及其對於國家經濟發展的價值。人力資本指的是投資在勞動者身上並形成勞動技能等的資本量，尤其是教育對經濟成長的貢獻。整體來說，人力資本含有投資、收益、變化、催生等動態內容。

在組織管理中，「人力資本」這一概念提醒管理主體在管理過程中要有投資的意識，要有對動態過程牽引的機制，更要有對人力資本個體擁有者，即知識型員工進行平權、賦能、催化、引導的原則、方法。這一「轉念」將極大地有利於數位經濟形勢下的組織發展、組織與人的關係處理、人的發展管理等。

在教育階段，我們可以透過學校來完成整體意義上的人力資本投資；在學校教育之後，我們只有依靠各類社會組織來完成人力資本投資（個人的終身學習很重要，但非社會制度可依靠之基石）。這個時候我們發現缺少一個基於組織實踐視角的人力資本理論：當組織嘗試在不同階段聚焦於自身所擁有的人力資源，形成明確的人力資本管理策略時，我們到底面臨的是一條怎麼樣的道路？基於對這個需求的理解也是寫這本書的初衷之一，換句話說，就是嘗試為各類組織投資現有「人力資源」累積更多的人力資本指出一條演進之路。而這個過程，也是組織進化與變革之路。

本書由三部分構成：

在本書的第一部分，我們會介紹基本的知識、理論。對組織、組織成熟度、成熟度視角下組織進化，以及成熟度視角下管理的演進進行闡述。這一部分我們向讀者展示，在歷史的眾多組織闡述中，筆者為什麼

寫在前面

唯獨選擇成熟度視角,以及其對管理的現實意義。

在本書的第二部分,我們會介紹不同階段組織人力資源的實踐活動,並透過案例說明不同組織成熟度階段人力資源聚焦的重點,以便使讀者了解並選擇是否向目標等級進行轉變。雖然組織成熟度有高低之分,但筆者並不認為社會中的所有組織都應該獲取最高成熟度。一方面,組織承載了諸多歷史文化認知,因此這個演變不可能一蹴而就;另一方面,組織多樣性本身也是社會活力的表現,即組織成熟度等級是組織群體認知後的選擇而非強制要求,但成熟度可以作為一個調節工具(透過社會推廣以及組織內部選擇來調節),提升和降低成熟度都是組織在不同時機有效調整的方式。最後,以惠普公司 77 年歷史資料為基礎,從組織成熟度視角展開分析,讓讀者看到組織的演進是一個怎樣的系統,面臨著哪些實際的矛盾。

在本書的第三部分,筆者會推薦應該重點聚焦的組織領域,即激發、理順組織的創新力和一致性。創新力從組織開發客戶的視角進行闡述,一個組織只要能持續地開發客戶,其存在便是有意義的;一致性是從組織內部協調性視角闡述的,展現了組織內部的凝聚力。最後筆者認為,無論是創新力還是一致性,都融合在組織的員工關係中,正是組織對員工關係的定義和實踐,激發了組織的創新力,理順了組織的一致性,也可以說,完成了組織這個微觀社會中的生產關係和分配關係重構。最後這部分想強調的是,組織功能的有效發揮既是社會發展之需求,也必須成為一個時代的信仰,否則組織的發展和組織視角的人力資本便無意義可言。

因此,這本書主體結構為三部分,採取了總——分——總的結構。按照行動學習理論,分別對應信、行和知。信念引領,行動機制跟

進，並對相關知識進行刷新和疊代。本書還從文化視角對組織和人的要求，同時結合組織案例，對組織演化的方向加以闡釋。

　　本書的緣起和筆者的經驗、思考密切相關。既有日常工作的總結、觀察與提煉，也有期待。雖然現實社會中不會每個組織都成為高成熟度組織，但高成熟度組織越多，對社會貢獻越大（反之，成熟組織對社會治理提升的要求也會更多，該內容不在本書的探討範圍之內）。因此，筆者希望為讀者開闢出一條可以思考和實踐的新道路，讓志向遠大的組織有可以參考的持續改進組織的路線圖。

　　橫看成嶺側成峰，遠近高低各不同。人們對組織和人力資源管理的見解各不相同，希望讀者能從本書的這些章節中有新的收穫並找到新的視角，分享不同見解並交流學習。

　　在這本書完成的過程中，筆者受到很多人的影響，有的在筆者心中是標竿性的人物，你可以清楚地看到彼得·杜拉克、瓦茨·漢弗萊、詹姆斯·馬奇、埃德加·席恩等人的影子；有的則逐漸被時間腐蝕掉了名字。但正是被遺忘的人，形成了筆者了解組織的地形圖。我會毫不猶豫引用前輩們的真知灼見，對「無名氏」們一併表示謝意和歉意！但如果失之偏頗，那顯然是筆者沒有清楚辨別的責任，與他人無關。也希望讀者提出批評意見，筆者聞道則改。

邢豔平

寫在前面

推薦序一

推薦序一

　　本書作者具有豐富的企業人力資源管理實踐經驗，也是善於思考總結的組織管理和人力資源管理專家。

　　這本書以組織成熟度為切入口，系統性討論成熟度不同等級下組織與人力資源管理問題。這種整體視野、動態視野和專業視野，正是目前企業組織轉型升級中所需要的，也是企業高品質發展過程中的「及時雨」！

　　組織成熟度是組織在營運和管理方面的發展程度和水準。這個概念通常用於評估和衡量組織的能力和效率，以及組織在實現目標和適應環境變化方面的能力。在本書中，作者著重介紹組織成熟度模型的內涵和方法。按照成熟度模型，組織發展被劃分為幾個階段，且每個階段代表不同的組織能力和水準。作者在書中提出五個發展等級，分別是隨機發生、專業主義、業務變革、適者生存和持續最佳化。基於這五個等級，讀者朋友能夠清晰了解組織不同發展階段的特點，並能夠在組織向高級別演進的過程中，發現組織所面臨的系統問題，從而找到變革的目標。除此以外，組織成熟度和等級差異對管理者也有很大的價值！它的工具性和易操作性能夠幫助管理者有效辨識目前團隊或組織的優勢劣勢，並制定出相應的目標和改進計畫，從而有的放矢地為組織成長做出貢獻。更重要的是，透過評估組織成熟度，組織領導人可以對自身組織能力做到心中有數，從而更好地了解自身的競爭優勢和發展方向。

　　作者強調，組織成熟度提高的關鍵在於系統思考和整合思考。事實上，組織能力和水準提高的關鍵在於一致性能力，如策略執行力、資源分配力、組織制度力、組織文化力和創新力等要協調一致，打出組合拳，才能整體推進組織能力提升和組織演進。在整體推進過程中，人力資源管理職能發揮關鍵作用。如果說管理是組織的器官，那麼人就是

組織中的一個個細胞，合理且有效的人力資源管理則是組織發展的「命門」。藉助於組織成熟度這一管理工具，管理者能夠發現組織在人力資源管理方面的短處，如徵才流程是否高效、員工培訓是否符合實際需求、績效管理是否科學合理等等。本書作者基於自己多年的人力資源管理經驗，提供了許多寶貴的案例，還對人力資源管理「選、育、用、激、汰」等不同環節進行了反思和歸納。這些都能夠幫助人力資源專業人員、企業負責人更好地推展管理工作，推動組織進步和發展！

　　在組織成熟度的視角下，組織需要進行持續的改進和最佳化。在持續改進過程中，組織成熟度模型也能夠為組織提供改進的路徑和方法。然而，無論何種方法，都是組織發展過程中的一條筏。運用之妙，存乎一心。組織要達到靈活適應環境並作到可持續發展，需要掌握和運用一系列適合自身發展條件和實際情況的方法論。讀者朋友在使用該方法過程中，切忌「刻舟求劍」。

　　總之，本書是有參考價值和實用價值的人力資源管理專著，能夠切實有效地幫助讀者，尤其是對於企業管理者和人力資源管理者，能夠做到開卷有益。

馮雲霞
商學院教授

推薦序一

推薦序二

推薦序二

之前聽豔平說過幾次成熟度的概念和實踐，今天擺在面前的已經是一本系統介紹組織演進的書了，真誠地表示恭喜！受豔平所託為此書作序推薦，我仔細閱讀後有幾點認知與感受，與讀者分享並推薦。

目前市面上接觸到的與成熟度相關的內容一般是關於某一個專業領域的，例如整合能力成熟度模型（Capability Maturity Model Integration，CMMI）是軟體開發企業經常會去進行認證的；人員能力成熟度模型（People Capability Maturity Model，PCMM）是一些對人才管理有熱望的企業經常去對比學習的。這些專業領域會有一系列的子流程領域（Process Area），這些子流程領域再使用日常概念層面的「流程」來進行管理、度量、改進。在不同的成熟度級別，子流程領域包含的內容是不一樣的，顯然，成熟度越高，要實踐的子流程領域就越多。這就是我們日常見到的成熟度，它關注更多的是專業性。

成熟度理論涉及三個方面的融合，即組織、流程和組織中的人的行為。人的行為已經在 PCMM 中有闡述，流程已經由 CMMI 來做示範性的定義、框架和實踐。那組織成熟度這個概念，顯然是要說清楚的。作者在本書中按照組織「協調」獲得績效的方式的不同來進行定義，繼承了切斯特・巴納德對組織的定義，符合成熟度的精神，應該說是對這兩個定義的一個發展。正是說清楚了組織獲得績效的方式不同，才有了不同的組織成熟度，才有了組織可以進化的道路。換句話說，從事相同業務的組織，由於潛在假設和協調方式不同，其流程和人員協調範圍是不同的，其對自身的「開發」程度也是不同的，如圖 1 所示。

等級	組織進化之路			
	績效獲取方式	對組織的假設	關注的人	流程
5 持續最佳化	向創新要未來	組織龐大的力量蘊藏在群眾之中	與組織流程執行能力提升相關的所有人	組織流程被定義、協調、剪裁、創新
4 適者生存	用能力適應變化	有組織能力才能適應環境變化	與組織重要競爭能力提升相關的所有人	即時重要流程資料回饋與調節
3 業務變革	向業務變革要成果	核心競爭力是獲勝之本	組織核心競爭力提升涉及的關鍵人	關係組織核心競爭力的流程被分析、發展
2 專業主義	向人才要績效	組織需要專業人士的貢獻	部分管理者或專家	專業視角的流程，注重專業原則
1 隨機發生	向領袖要生存	一切老闆說了算	組織領袖個體	缺少流程，大多是根據情境的個人決斷

圖1 組織進化之路

這個改變有兩個值得關注的點：第一，組織演進成為CEO、每個組織核心決策層要面臨的一個選擇，組織績效獲取方式決定了人才建設和流程建設的成熟度和競爭力。第二，這種方式符合人們的系統化思維——從上往下看，自上而下地承擔責任改變了原本在專業領域思考、實踐的狀態，為組織創造了由外而內思考、行動與反思的視角。由此，組織的社會意義才得以在文化下成功連接。

作者不滿足於對組織演進做一次階梯式上升的描述，在第九章惠普的例子中，將組織的演進看成一個矛盾體，上升到了將其進行「一般化」的描述。基於特定的社會環境、內外部壓力下的一組矛盾，具體地還原了現實。一方面組織是社會的基本器官，透過創新解決社會問題，社會環境和內外部壓力變化都可能「提醒」組織該進行變革了；另一方面組織本身就要協調不同的人和力量，在組織內外部就展現為「協調」方式的選擇，如圖2所示。

推薦序二

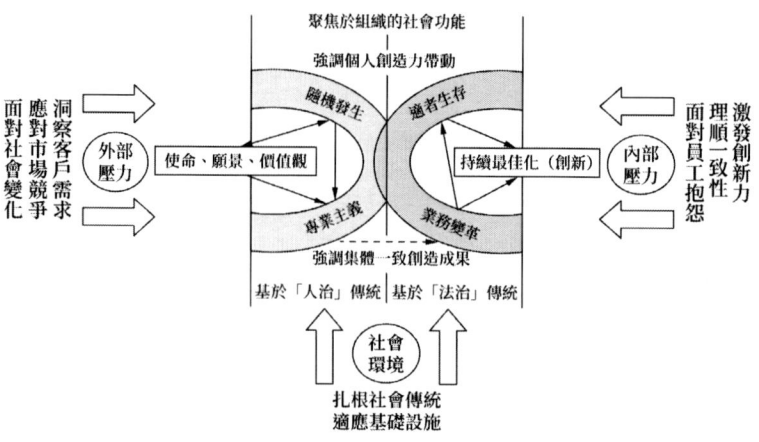

圖 2 實戰視角下的組織成熟度

　　整體來看，本書的第一部分是對組織和管理的基礎性介紹；第二部分是關於人的活動在不同業務流程成熟度中的實踐，同時在最後兩章進行了總結；第三部分是指導讀者踐行的認知更新，作者告訴我們應該增強組織的創新力，而增強創新力的同時，不要忘了使組織內外的人和力量達到相對「一致」。這樣作者就橫向、縱向為讀者織了一張網，選擇什麼樣的成熟度和什麼樣的流程領域，便是讀者自己的選擇，有了選擇，才能實踐出自己所在組織、團隊的演進道路。

　　認真閱讀這本書，相信讀者一定會在認知和行為上受益，特此隆重推薦！

劉忠東

網路股份有限公司總經理

推薦序三

推薦序三

2010年，受惠普公司邀請參加某資訊化團隊的人力成熟度（People CMM）評估專案，我作為卡內基梅隆大學下屬的軟體工程研究所（Software Engineering Institute，SEI）PCMM授權講師，同時也是該專案的專案組成員，在近十天的評估過程中與作者邢豔平結識。他作為公司的人力資源總監，從組織人力資源管理的不同角度向評估組做了詳細的介紹，並準備了大量的資料。從他介紹組織情況的每個細節，能看出這是一位能從業務角度出發，思考人的問題的人力資源總監。

由於他對業務的營運及人力資源管理的熟識，他能將業務流程和人力資源管理活動（比如徵才、績效管理、獎勵及認可與專案管理流程中不同里程碑的相關流程活動）進行有效的融合，評估中抽取的樣本項目所展示的證據顯示，專案經理及專案的上級管理者能簡便且熟練運用業務管理及人力資源管理相融合的流程；專案的資源管理、績效管理、專案團隊資訊的透明度以及團隊成員的自主性也表現得非常優異。

我想，作者的職業生涯應該是延續了業務與人力資源結合的習慣，在結識之後的十幾年時間內，我們一直保持著專業上的溝通，這種判斷越發顯而易見。相信大家在本書的各個章節中都能看到他對業務及人力資源不同專業領域的深入理解及獨到見解。

電子商務始於2000年的美國，自此之後，美國零售行業的線上銷售及交易的成長比例每年大約為1%。一次突如其來的新冠疫情使美國在幾個星期內完成了幾十年的成長。2020年初，大約有16%的零售業透過線上完成交易。美國出現疫情後的八週內（2020年3月至4月），線上交易猛增至27%，並且沒有表現出衰退的跡象。一次突發事件促使大眾的消費方式實現了顛覆式的變革，有準備的企業獲得了紅利，而那些尚未準備好的企業則與機會失之交臂。

當下，我們正處在第四次工業革命的巨浪中，人類打開了一個充滿新奇且不確定的潘朵拉寶盒。隨著 AI 等數位化技術的高速發展，第一部完全基於 AI 技術的電影在 YouTube 上發表，使得長期占據美國電影主流地位的好萊塢如坐針氈，演員、編劇、導演及工會代表們走上街頭，強烈抵制全盤由 AI 技術代替人類製作電影的行為。但顯然人類的行為不能一直聚焦在反對上，唯一不變的就是變化。

這個時代快速、不斷推陳出新的變革，使得各種規模的組織力求保持隨機應變的能力及極強的創新能力。要隨機應變，就需要組織變得扁平化，組織具備敏捷性和超強的客戶感知力。組織內的每個員工都能對外部的變化及組織的變革有獨立思考的能力，並能付諸行動，成為一名多面手，懂得如何與人、與機器共同工作，確保和組織同頻。

一個敏捷高效的組織究竟是如何營運的？如何確保在及時感知並持續回饋客戶的前提下，在內部及時調整產品及服務或創造出顛覆以往成熟的產品呢？如果你仔細研究過世界級的數位化原生企業，不難發現在極度強調創新的強大企業文化背後，組織內部一定有一套和組織價值觀緊密關聯的規則。作者在本書第二部分列舉了案例，給出了答案和他的理解。

過去二十多年的顧問服務經驗告訴我，大企業要變得扁平化且高效，需要強大的勇氣打破組織內的部門牆及組織長期捍衛的價值網，運用組織已有的管理成熟度及員工個體在其專業領域的成熟度，將最優質的資源流向能為客戶帶來最大價值的團隊。作者在本書的第三部分，做了詳細的介紹。

小企業要在這個時代勝出，除了能充分利用其組織結構簡單、能靈活掉頭的優勢以外，還需要管理者能從組織內外部進行快速回饋和學

推薦序三

習，確保組織的產品和服務的差異化、個性化，無限貼近客戶的需求，重視客戶的感受。在快速回饋和學習的過程中，對員工的選擇、快速培養、必須明確的工作規則以及與績效表現相對應的個性化激勵機制，都需要每位小企業的企業老闆帶領全體員工進行提升。

不確定時代，組織需要與其價值觀及價值主張相配的組織成熟度，相信透過本書的閱讀，大家會看到這些核心要素之間的關聯性並能獲得新的洞見。作者對傳統文化、西方管理學尺度的掌握和架構，也為讀者理解組織演進提供了便利。

馮潔

企業管理顧問有限公司創始人

卡內基梅隆大學軟體工程研究所 PCMM 授權講師

第一部分　組織與管理

　　世界地圖不是一蹴而就的，是隨著航海技術的發展一步一步地收集地理資訊而形成的。而今，我們透過衛星和地面系統能夠監控每一個地理位置的即時資訊，海陸空交通的便捷性大為提高，人類對世界的認知水準大為提高。

　　對於組織的認知也是如此，如果我們只是待在原地，不願意花時間去探索，就無法了解組織的真面目，就無法構築組織的「北斗系統」，只能盲目前行。

　　組織日益成為社會的基本單位，其健康程度將對社會、組織本身和個體產生影響，而越來越多較高成熟度的組織是社會之光，大眾之福。

　　第一部分共兩章。第一章幫助讀者了解組織、組織成熟度，以及組織的進化之路，為組織選擇自己的道路指明方向；第二章在了解組織、組織成熟度的基礎上，闡述管理、數位經濟時代及其對人和組織的影響。

第一部分　組織與管理

第 1 章　組織與組織進化之路

1.1　理解組織

「組織」這個詞是一個相對晦澀的概念，它近在眼前，卻不好定義。本章節先從組織的概念說起，以便幫助讀者建立一個明確的組織概念。

組織理論之父切斯特·巴納德（Chester Barnard）是率先對組織進行定義的人之一，是一位長期深入組織管理的實踐者，因此他的定義歷來在學術界、實踐界被認為是權威。巴納德認為，組織是「有意識地協調兩個或兩個以上的人的活動或力量的一種系統」。也就是說，組織作為一個動態的存在要能夠持續存在乃至變得更好，就必須進行有意識的協調，這個協調就是我們日常在組織環境下講到的管理。但協調什麼呢？就是協調人的活動或力量，且這種持續的協調指向組織的目的，即實現它的社會功能。從這個角度來講，組織有三個要素，分別是組織存在的目的、人的活動或力量、有意識的協調活動。為什麼人的活動或者力量需要協調呢？顯然是因為每個人對組織的需求不同，或者說，組織的意願和個人在組織中的意願是不一致的（從股東的角度及關鍵客戶的角度看也往往是不一致的）。

接著我們來看著名學者赫伯特·西蒙（Herbert A. Simon）和詹姆斯·馬奇（James Gardner March）在《組織》（*Organizations*）一書中的觀點。他們對組織的定義是：「組織是偏好、資訊、利益或知識相異的個體或群體之間協調行動的系統。」除這四個相異的方面外，這兩位 20 世紀最著名的管理學者還就組織行為提出了三組命題：

第一，組織成員天生是消極被動的工具，能夠完成工作和接受命

令,但不能主動行動和發揮影響。

第二,組織成員的態度、價值觀念與目標會影響組織,只有受到激勵和誘導,他們才會參與組織行為系統。組織目標與組織成員的個人目標不完全一致,所以會產生衝突。這些衝突使權力現象、態度和士氣成為理解組織行為的關鍵因素。

第三,組織成員是決策者,也是問題解決者,他們的決策方式和問題解決方式也是理解組織行為的關鍵因素。

乍一看,這三組命題是矛盾的,但馬奇和西蒙認為,這三組命題的假設並不矛盾,組織具有全部三項假設。

彼得・杜拉克(Peter Drucker)是 20 世紀被關注最多的「管理學」學者,之所以對「管理學」打引號,是因為彼得・杜拉克自認為是一個社會生態學家(但他也承認:「我把管理研究發展成為一門自成體系的學科。」),他在 20 世紀人類對組織的認知中發揮了重要作用。他首先了解到社會「組織化」本身是一個重大的歷史變革,組織成為新的社會器官,而管理成為組織的器官。與上述幾位學者相同,他也認為組織的本質是一個社會化的合作系統,其中包含了廣泛的人與人、人與權力之間的關係;他了解到了組織的經濟面、政治面和社會面,與此對應,他要求組織要創造績效,讓員工有成就感以及對社群有貢獻;最後他對組織提出了卓越的要求:要擁抱變化,要聚焦於創新與行銷。

以上定義和認知都是我們在理解組織的概念時所必須掌握的基本知識點,但如果要建立起畫面感,還有一段距離。如果我們從西方和東方的兩個語境中去理解,或許能得到一些更好的啟示。組織的英文單字是 organization,organ 通常指器官。彼得・杜拉克一直講組織是社會的器官,管理是組織的器官,「器官」在這裡可以理解為組織在社會系統中

第一部分　組織與管理

發揮不同的功能。那麼在中文的語境中，組織是什麼意思呢？組織的意思是編織。有縱有橫才能編織，編織會出現有異於原來單獨縱、橫性質的結果，例如原本都是柳條，經過編織現在成筐子了；原來是經線和緯線，經過編織，成了一塊布，也就是說編織使得原有的材質有了不同的功能。

對應到組織環境中，不同能力的人在一起，透過協同和賦能，具備了新的能力。從英文和中文的語境中，我們嘗試建立一個畫面，從外部來看，組織是由於其社會功能發揮的必要性而存在的，它是一個社會器官（當然這是一個單純的社會學視角，長期和整體來看，或許只有這個視角更能站得住腳）；那麼從內部看，組織要使用不同的專業人才打造獨特能力（認知、知識、技能、過程能力的集合），特別是打造對外提供產品與服務的流程能力。而正是這個流程能力，是組織行使其社會功能所必需的。這就是組織的外部和內部視角，建立起這個畫面感，對我們理解什麼是組織是非常重要的。

我們必須理解組織，是因為組織是現代社會的器官，這是近100多年的事情。自工業革命以來，科學技術本身的發展使協調必須在更多的符合要求的人之間推展，以此建設強大的工業能力。於是原先以家庭為單位，或者以宗族、某一貴族為單位的架構無法滿足跨技能或者跨地域的協調，原來基於農業時代生產力的社會模式逐漸瓦解了，於是組織替代它們成了行使社會功能的主要單位（家庭乃至家族作為重要的社會單位仍然有其必要的社會職能）。在較小的社會功能單位中，家庭成員也可以成立組織，但其組織起來的原則已經不是家庭原則，而是組織原則了。推動歷史車輪向前的責任主要落在了組織這個基本單位身上，因此這個基本單位的成熟度、眾多不同成熟度組織形成的社會組織構成，就

對社會產生了重大影響。這個轉變在人類歷史上是一個大事件，是我們生活在當代的人所必須接受和面對的。應對這個變化的能力也是各個民族文化發展到現階段所必須面對的重大問題。

1.2 組織成熟度

上一節我們闡述了什麼是組織，使我們了解到組織本身是一個協調系統，但當我們去看這個協調系統的時候，發現各個組織的協調系統並不相同。那麼這個不同，會為我們帶來什麼樣的價值呢？這一節在了解組織的基礎上，讓我們來理解組織成熟度這個概念。這就像我們看不同的人，其思想的成熟度不同。

組織成熟度的英文單字是 organizational maturity，這個概念發展自瓦茨・漢弗萊（Watts Humphrey）的能力成熟度模型（Capability Maturity Model）。簡言之，瓦茨・漢弗萊認為組織的改進應該有一個路線圖，分階段來實施能力的提升與改進，而無法一步到位地改進太多、太快，而這正是為了應對現實中組織變革失敗而提供的方案。瓦茨・漢弗萊注意到了組織，但他的能力成熟度模型更多關注的仍是流程，後來發展到人力資源流程和活動。正是基於這個視角，使得各類成熟度實踐困難重重，多數以獲得認證為主。因為大家將更多的焦點放在了專業領域，而不是聚焦於利用組織力量滿足由外而內需求的整體改進與變革。

根據筆者的觀察和思考，很多人，尤其是有一官半職的人都很有雄心，也很有憂患意識，但在實際工作中卻常常找不到方向和頭緒，有時候甚至找不到切入點。舉個例子，曾經有一位電腦硬體上市公司的董事長朋友問筆者：如何設定研發人員的績效目標使之保證研發出來的產品能夠大賣成為爆紅商品？這位董事長有 30 年以上的從業經歷，對組織的

第一部分　組織與管理

責任感和興趣都很高，但顯然對組織的了解太少。他無法理解組織在邁向產品開發成熟的道路上要邁過多少坎。在他的腦海中，爆紅商品就是和研發人員的績效目標設定直接關聯的。這位企業家對研發人員勝任力管理、動機激發和持續創新、組織氛圍營造、結構最佳化和流程拉通等方面對爆紅商品的影響幾乎沒有考量，存在思維盲點。第二個例子是筆者曾經歷過的另一家上市企業所實施的變革專案，企業想利用員工工作環節的「標準化」方式來顯著地提升組織流程績效，這雖會產生一點效果，但顯然搞錯了成熟度的級別。說句更容易理解的話，以上兩個例子都是想在一樓看到二樓、三樓的風景，但無論如何努力地「向上跳」，都是無法做到的。這兩個案例中的企業遠稱不上是反面典型，但是代表了一些業務發展相對較好的組織在面臨組織改進時的認知和實踐困境。

1.2.1　成熟度 ABC

當我們在說成熟度時，大家可以理解為它是一個流程能力發展路線圖，或者說是一個階梯，這個階梯是對各類專業流程發展階段[01]的描述。圖 1-1 為人力資源能力成熟度模型中的成熟度框架描述，為了將其發展到組織成熟度視角，筆者對其進行了改進（其他章節均沿用了這個改進），見圖 1-2。

---

[01] 原能力成熟度模型一般將前三個等級翻譯為初始級、有序級、可定義級，由於和組織成熟度視角不符，故進行了名稱變更。

第 1 章　組織與組織進化之路

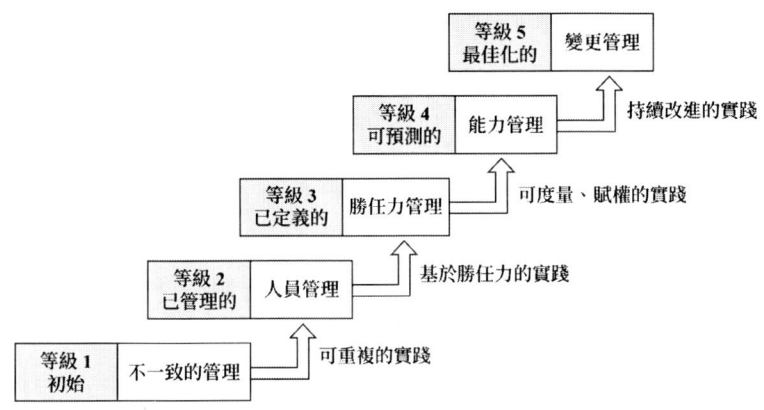

圖 1-1 人力資源能力成熟度模型中的成熟度框架描述
資料來源：Humphrey（1989），Paulk et al.（1995），筆者翻譯整理。

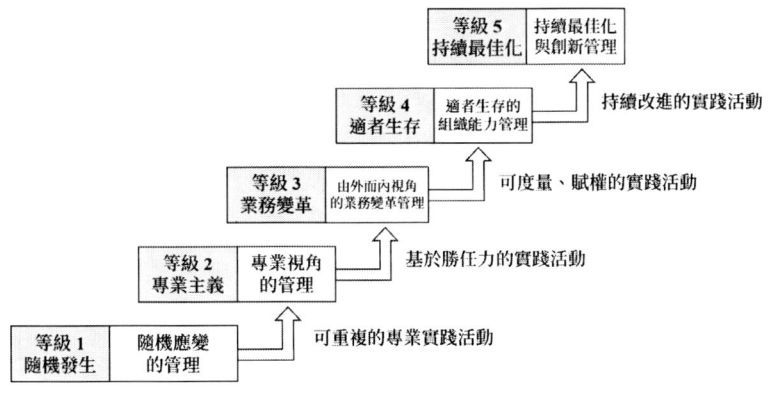

圖 1-2 組織成熟度階梯
資料來源：筆者改進後繪製。

　　凡是成立的組織，如果不有意為之，那麼它就很難表現出來一致性和可重複性；一旦組織開始做可重複性的實踐，那麼它就到了等級 2 的水準，這些可重複的實踐為什麼變得可重複了呢？因為專業知識進來了，專業人員根據專業知識讓組織營運中的事件流程化、慣例化，因此變得可重複了。從等級 2 到等級 3 是組織管理的涅槃之戰，也是最難的。能力成熟度模型整合（Capability Maturity Model Integration，CMMI）、人

029

> 第一部分　組織與管理

員能力成熟度模型（People Capability Maturity Model，PCMM）認證領域有句話，叫「Level 3 is enough」，就是說組織成熟度達到第3等級就足夠了，後續的兩個等級都是在等級3的基礎上做改進，可見等級3的重要性和難度。那等級3難在哪裡呢？難在協調和深度整合勝任力（整合流程視角和職位視角）！等級3之後，組織的能力開始可以預測，應對變化的能力增強了，此時我們稱之為等級4，能夠適應環境的變化，也可以自主地提出改進目標。等級5是指在等級3和等級4基礎上納入大眾智慧的持續最佳化與創新。也就是說透過對組織不同協調方式的描述，總結出不同階段的特徵、目標和實踐，進而成為其他組織管理實踐的參考。下面我們透過幾個例子進行了解。

1.2.2　三個領域不同成熟度的案例

第一個例子談談幹部管理。幹部管理是組織管理中的重中之重。俗話說「火車跑得快，全靠車頭帶」。每個組織都有管理者，目前即使在網路領域，也逐漸有幹部負責管理了。

每個組織都有幹部，那每個組織的幹部是如何被任命的呢？這個時候會有一部分人跳出來說：「什麼任命，我早就跟著老闆做30年了，還任命什麼呀！」在現實中，還存在不少這樣的組織，即使有的組織年營收已經超過1,000億元了，但仍然沒有設計出可複製的幹部任命制度。老闆仍然緊緊掌握幹部任命權力，一旦有想法了，老闆就可以對人選進行升遷、撤職或調動。這樣的組織無論規模多大，從成熟度的角度看，其幹部管理就是等級1，即典型的不一致的管理，是老闆隨機應變的管理。

這個時候就會有人問，人家等級1就做到了1,000億元以上的營收，不也挺好的嗎？筆者想說的是，這樣的組織大部分都是乘上了東風，依

第 1 章　組織與組織進化之路

靠資源發展起來的。這樣的企業對企業家個人的依賴特別重，一旦企業家個人有點風吹草動，組織就直接垮掉。

等級 2 的組織怎麼樣呢？幹部有相對明確的任期，任命有公示，有紀檢和監察部門；做得好的，還會對幹部的工作進行定期的回饋或輔導。目前社會上比較像樣的組織，基本上都能做到這個層級了，做到這個層級不算難，再加上有政府做模板，很多組織都能達到這個層級。從一開始就建立起這樣的流程和制度，這樣組織對幹部就產生了一定的約束，幹部對自己也有預期，對自己的行為也有規範的意願。

那麼為什麼還需要等級 3 呢？這就要問一個問題，如果幹部管理要提升組織競爭力，應該如何去做呢？每個組織的答案都不一致，這裡舉一個美國奇異公司（General Electric Company，GE）的例子供讀者參考，見圖 1-3。

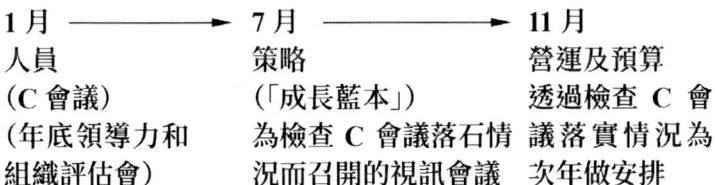

圖中需要理解的幾個關鍵點：

- 主管層承諾在人才問題上投入大量時間和精力，他們將人放在績效之前。
- 各種回顧總結是縝密而有效的，它們之間相互關聯。
- 教練輔導和回饋是持續、直接和具有實際意義的。
- 連續多對象的觀察結果得到了累積，並會進行相互比較。
- 對話交流得以落實並貫穿全年始終。

圖 1-3 GE 人才管理 C 會議

資料來源：拉姆・查蘭、比爾・康納利，《人才管理大師》，劉勇軍、朱潔譯。

第一部分　組織與管理

可能有很多人會認為這個圖很好，也有人會疑惑：這個順序可能是錯了，因為策略決定組織，有組織了才會有幹部，因此人員的會議應該放在最後，邏輯性才更好。但 GE 認為，策略和組織只可能在合適人才的頭腦中出現，如果你連某一項事業的領導者或者領導團體都沒有搞對，其他都白費了！這個認知是非常高的！GE 用相對流程化的方法做到了。

大家想一下，如果按照這個優先順序，幹部是不是 GE 的第一優先順序？這種情況下是不是需要幹部的上級和幹部管理部門對幹部的歷史、行為模式、專業能力都非常清楚？且需要持續地觀察和澄清，才能有一個堅實的幹部團隊。而且在這種情況下，GE 將成為業內幹部的軍校，接受其他公司的「挖角行動」，它的繼任計畫必須靈活而有效。做到這幾點，我們可以說 GE 的幹部管理達到了等級 3 的水準，它把幹部管理定義成了它的核心的競爭力，與業務上「數一數二」的策略相互輝映，這成為傑克．威爾許（Jack Welch）掌舵 GE 的特徵。

我們的組織要達到這個程度，創始人必須嘔心瀝血！

筆者對某公司參與業務領先模型（Business Leadership Model，BLM）引入的幹部做過訪談，問他們如何看待策略和幹部配對這個問題，其幹部認為講這個需要領導藝術！該公司把這個環節放在策略之後的幹部排兵布陣環節，就是主要幹部拿著業務的規畫去解碼其如何實現。但是如果一號位的第二次彙報還不能通過，第三次就要讓副手來彙報了。這實際上意味著該公司在業務部門主管團隊的安排中，也是充分考量幹部能力的。這樣的制度也需要在組織中有可複製的管理模式，以保證人才有充足的儲備。

第二個例子就是上文提到的研發爆紅商品的事情。一般的商業組

織，都是有產品或服務的。那麼這些產品或服務是從何而來呢？當然是由一些核心的專業人員或者領導者帶領團隊做出來的，不僅當時做了出來，後續還陸續做了改進，成為組織主要的產品線。他們做的時候沒有流程和規則嗎？當然有！那為什麼現在開始講爆紅商品了呢？因為以前的爆紅商品遭遇成長瓶頸了。實際上，隨著競爭的加劇，組織規模化以後效率變低，以前的管理方式出現問題。這個時候，企業就有了變革的需求。

不少高科技組織（特別是硬體產品居多的高科技組織）都想模仿整合產品開發（Integrated Product Development，IPD），花了重金引進IPD流程以後，效果並不盡如人意，基本上會以失敗告終。如果說還有些成效的話，也就是做產品的部門和幹部找到了一些可以對比、對照的方法，並在組織內部引入相關機制，同時在組織內部建立起評審產品開發中的市場代表、財務代表和品質代表等制度。除此之外，大部分組織在現階段基本上找不到更好的辦法。

那麼IPD流程如何才能更好落實呢？產品開發流程最關鍵的是需求理解。需求理解正確了，這個事情就相對容易一些。需求這個事情說起來容易，做起來很難。在商業層面可以叫做生意機會洞察，在產品設計層面叫需求管理。請問各位讀者，您的組織裡究竟有多少人在從事生意機會洞察，頻率怎麼樣，是分行業的還是分產品的？還是已經瞄準了顛覆行業的創新機會？如何才能做好一份洞察？除此以外，組織裡面有多少人在從事需求的傳遞，對這些需求的描述真實嗎？如何才能在產品層面還原一個需求，如何評價一個需求是好的需求，如何才能把一個需求納入設計？上述職責應該由誰完成並形成一個系統的能力？認真思考上述問題以後，就可以看到不少組織對上述問題沒有進行系統思考，也沒

第一部分　組織與管理

有機制進行管理，更沒有主體負責閉環。那麼，這個流程的落實應該從什麼地方切入呢？

首先，應該從與整合產品開發相關的職位開始。產品規劃經理應該負責什麼工作？由誰來支援這個工作，這是要認真分析並實現的，否則組織中的其他職位不會聽他的調遣。產品規劃經理自己的工作應該達到什麼標準，按照什麼流程和其他職位溝通，從這個工作思路開始分析，才能將與產品開發相關職位的職責、任務、過程和工具整理清楚。在這個過程中，還需要不斷借鑑組織內外，特別是組織內的優秀實踐經驗。從這一步開始，產品經理對其他人的要求明確了，自己工作的標準和產出也明確了。

其次，應該提高評審的能力和品質。這個難度也不小，我們通常認為評委都是勝任的，都是有經驗的。但真的到了評估節點上，會發現原來的想法是錯的。因為評委之前按照經驗評價就可以了，現在需要在IPD的每個商業評審節點和技術評審點上說出自己的專業意見，這個真的變難了。對於組織來說，一定要細化評審點：每個評委應該如何評價？如何才是好的評審，這個也需要培訓和培養。組織也是逐步試錯疊代做好這一步工作的。

再次，就是要注意找阻礙點。什麼阻礙點呢？比如產品開發做得不錯，但是新產品推廣的制度很差。和老產品一樣，還需要有專門的人去區域拓展，告訴大家如何賣，如何和其他的產品整合方案賣，賣出去了之後每天還有一大堆的諮詢服務，要有人去管理這些事情，必要的時候還要和產品規畫去協調下一步如何改進。如果你的產品技術含量很高，你還要考慮創新方法的引進，這樣你的產品才更加有競爭力。這個時候，從需求開始，到概念、計劃、開發驗證、生命週期管理再到退市，

全部改變了，基於什麼改變的呢？基於組織規模擴大了之後，整合產品開發的能力，組織所需要的人才、流程和工具的更新，涉及產品、行銷、市場、供應鏈、服務、品質、財務等諸多環節的重新設計和營運，這些職位都是革自己命的改革，沒有企業家的強力支持能實現嗎？不可能！這也是為什麼這些嘗試落實 IPD 的組織往往會以失敗告終。

最後，我們以某公司引入 IPD 的簡要例子來說明其過程的難度。1999 年，某公司在國際商業機器公司 (International Business Machines Corporation，IBM) 的幫助下匯入 IPD 流程。IBM 專家首先要求公司研發人員對其業務流程「活動」進行分解，後者經過整理提交了 12 項「活動」，包括需求描述、概念形成、產品初步設計等。IBM 專家認為，這是 12 個階段，而非「活動」，要繼續細分。隨後，該公司提交了 200 多項「活動」，IBM 專家認為提交的是任務，而非「活動」。於是，該公司與 IBM 專家一起工作，對流程進行深入分析，最終辨識出 2,000 多項「活動」，然後在此基礎上再進行重新組合、設計，最終研發週期被大幅縮短。

說完產品整合開發，第三個例子來講策略管理。策略管理的不同等級，筆者也都親身經歷過。

等級 1 的策略管理是什麼樣的？主要領導者根據現實情況，寫一些想法，有的熱情洋溢一些，有的乏味一些，寫完後還會集中起來發表。但往往沒有核查流程，也沒有前期調查流程，大部分都是基於腦中的想法。顯然，這樣的狀況無論叫策略管理還是叫計畫管理都無所謂，因為現實不可能和此「策略」一致，也沒有人知道該如何去執行這些「規畫」，更不用說這些「策略」背後的假設和思考。

等級 2 的策略管理是什麼樣的？此時引入了策略管理流程，從策略的預備會，到策略總結、找差距、找原因、找新機會、形成新一階段的

第一部分　組織與管理

策略規畫，策略中期回顧都會做。看起來像那麼回事，但是仍然很難實現，很多動作都在重複，也都有步驟地進行，可惜就是不見效果。

那等級 3 的策略呢？是將其設計為一連串可執行的行動，你別小看這個過程，這是很難的。第一，可連續的行動說明組織已經有可以相信的能力了，例如只要通路能夠打開，產品就可以賣出去，這說明通路管理水準可信了，在通路的辨識、培養、做大規模方面都有了一套行之有效的方法。這說明在通路管理方面，人才、政策和流程、工具都很成熟了。第二，策略執行過程中管控的收放比較自如了，在每個策略執行的核查點都知道如何調節。各類策略會是很難開的，如何收集各類不同群體意見，什麼時候收集，如何組織討論，如何組織改進和落實，都是非常講究的。第三，與策略執行相關的數位化能力到位了。這個講的是基礎設施，例如客戶需求管理、產品改進、回款、客戶服務能力都被數位化賦能了。

這一部分主要講了 3 個例子，透過例子讓讀者了解組織在任何一個專業領域[02]都是有成熟度等級的，等級 2 到等級 3 是組織管理的涅槃之戰，是組織管理更新。整合知識和組織行為聚集成組織能力的關鍵是每個組織需要去定義和實現的，它是靠組織自己去定義的，是組織自己業務的變革，不僅要自己定義，還要在組織內部落地。

1.2.3　成熟度改進的選擇策略

透過上面 3 個例子，相信大家基本了解了在組織領域實現等級 3 變革，就是一場嘔心瀝血的歷程。那麼，組織應該如何做呢？

筆者認為，第一步應該從組織的優勢能力做起。因為人才和資源都

---

[02]「專業領域」一詞可大致對應能力成熟度模型中英文 processarea，該英文一般翻譯為過程域，考慮到其在中文語境的易用性，本書一般採用專業領域。

在優勢能力上，例如組織的通路能力強，那你就審視通路管理的人才、政策與流程及工具是什麼，是不是已經達到等級 3 了；如果沒有，應該基於這些問題去考慮差距：如何才能高效達到等級 3？和自己比，如何每年實現不低於 30% 的成長？和其他同行比，如何建構組織管道管理的核心競爭力和特色？

第二步是要找主要矛盾，找主要流程，要看它們的效益。我們要的不僅是在組織某個領域等級 3 的管理，更是客戶收益和組織收益。因此，盯住主要流程建設至關重要。是從策略到執行，還是從行銷到線索？是從線索到現金，還是從故障到解決，抑或是人才管理和財務管理？這是組織領袖必須回答的問題。

第三步是要培養幹部。能達到等級 3 管理水準的幹部，在組織的任何領域都是稀缺的。領導者要親自篩選年輕人，給他們機會。剛開始可能讓他們在 1 個變革專案中歷練，慢慢演變為 2～3 個。

第四步是持續地向外部學習。這個要和培養幹部結合起來，要用學習來推動組織內部認知的「鬆土」，向外部有實際經驗的組織學習，和他們交流。

第五步是有效利用降低成熟度的方法進行改革。歷史上多次集權的改革以及改革從用對人開始都告訴我們：隨著成熟度的增加，複雜度會出現，如果環境出現重大變化，這個時候就有可能需要利用降低成熟度的方法來實現變革，即拋棄原有的繁文縟節，從關注社會變化，關注客戶需求開始，利用人才打破原有的掣肘，實現新的成長。

本小節到這裡就結束了，下個小節我們將從組織成熟度的視角來看人力資源在不同成熟度的對應專業領域和實踐內容。基於這個成熟度框架，每個組織都可以找出其在不同階段聚焦於人力資本的管理和流程策略。

第一部分　組織與管理

1.3　組織進化之路

組織進化有三個視角：組織本身如何得到發展，組織中人力資源活動以及組織流程的管理水準。我們首先以人力資源管理實踐的成熟度為主線進行講解，然後再結合組織和流程的視角進行總結。

有遠見的組織領袖都知道，組織發展的最終目的仍舊要回到人的發展上來。人一輩子的黃金時間都是在組織中工作，一定要向組織中的人力資源進行投資，形成人力資本，也是實現個人的成就與成長。組織的投資與社會、家庭聯合起來的教育投資不同，它一定是要追求效率的！那是否存在這樣一條高效率的路線圖，能夠幫助組織在業務發展的過程中，實現組織與人力資源的共同發展、繁榮呢？

本節就嘗試闡述這樣一條道路：在不同的階段，如何推展人力資源管理，採取適合組織階段的策略，不斷地投入時間和各類資源，使之形成組織不同階段的人力資本，進而形成競爭優勢，並形成可以複製的模式。

1.3.1　隨機發生

組織剛剛創立的時候，不一定有專門的人力資源職位。但無論怎樣，組織總要發薪，總要開會，總要招人，這些就是基礎的人力資源管理工作。

有的組織創立時，已經自帶了大量的投資；有的組織創立時，只是得到了一個專案機會。無論如何，這個時候的工作大部分靠少數人之間的協調來完成，有資源的利用資源優勢，有知識的利用知識優勢。此時由於人數少，還稱不上有序的人力資源活動，目的是活下去。如果從這

個節點看人力資源的管理策略，就是建立領導機構，培養核心管理者，一旦核心管理者逐漸成熟起來，能夠推進業務的發展，這個時候無論是否設定「人力資源」這個部門，都可以認為這個時候的組織是持續存活的。有的組織，終其「一生」，都會處在這個階段，有的組織可能會搭上時代的列車而規模發展得很大。在這種情況下，人力資源本身的定位就是執行組織領袖的命令以滿足組織生存需求。

1.3.2 專業主義

隨著組織規模的擴大，專業人士開始進入組織，他們帶來專業知識，用專業知識來建設或改造原來的流程、慣例，以滿足業務發展的需求。之所以叫專業主義，其有兩個含義：一是有專職人員從事人力資源這項工作，組織有資源在這些方面進行聚焦，使得這個領域開始建立流程；二是這個階段的 HR 工作是相對獨立的專業領域，是相對被動接受需求的，有明顯的專業深井限制，與業務的結合不緊密。那麼在這個階段，組織一般需要在人力資源的哪些領域進行聚焦呢？

第一個領域是徵才與人員配置活動，一般是指建立一套正規的程序，確保業務部門所承諾的工作與其資源相符合。透過這一干預過程，合格的人員被招募、選拔並配置到職位上。這個專業人力資源管理活動之所以重要，並被放在組織重點投入的範疇，主要原因有：徵才活動品質的高低決定了組織人才的基線；能夠解決人員配置品質和數量不足，並提供關鍵解決方案；是組織績效得以實現的基礎。更重要的是，徵才與人員配置活動能夠賦能組織承諾文化，並有效控制超負荷工作，能夠帶來員工滿意度。

組織在進行人員配置活動時，需要關注以下四個目標：一是個人和

第一部分　組織與管理

團隊參與其所在部門的工作量分配討論，透過平衡工作量來確定徵才需求；二是公開招募員工；三是根據對能力的評定和其他有效的專業標準，做出招募決定以及工作分配；四是以有序的方式將員工調入或調出職位。

設定以上四個目標，主要是為了解決組織中常見的人員招募與配置問題。討論工作量平衡來確定招募需求，主要是解決量化的評估工作量，而不是靠一個人決定。透過工作量的量化討論，使超負荷工作在第一線得到關注和控制；透過工作量討論，讓員工進一步有責任感，有主角精神，乃至看到自己的發展機會，這正是在組織內部討論工作量的原因之一。當組織資源缺乏時，尤其需要這樣的活動來激發內部的活力。透過討論，也能看清楚當前人力資源的知識、技能差距，並採取滿足當下知識、技能培訓的措施。同時，清晰地描述招募需求，可以為明確的徵才標準奠定需求。

公開招募員工主要為解決三個問題：一是沒有明確的職業發展通道，新的招募需求就是內部員工的一種發展機會，組織要及時予以提供；二是將有限的候選人在組織內部資源共享；三是公開招募使業務需求部門參與招募的機會增加，會有人直接找到需求部門來溝通，有利於需求部門提升參與度，這一點是非常需要被持續關注的。

按標準做出招募決定和工作分配主要解決三個問題：一是如何在當前的條件下確定招募的資格標準；二是如何根據標準確定對應的評估流程；三是如何讓優秀的員工參與到選拔優秀員工的過程中來。強調員工有序地調入和調出主要聚焦於解決三個問題：一是專業的招募流程一定是有效的，不可能招募不來候選人；二是要求員工進入組織後由人力資源部門安排其熟悉環境，承擔工作；三是如果發現招募到的員工無法勝任工作，要及時調換職位或者有序地安排員工離開組織。

當我們從人力資本管理的視角再來審視徵才流程時，會發現其和人力資源管理視角有很多不同。主要不同之處在於：招募決策注重員工的參與，注重為員工提供發展機會，注重員工的責任感和參與度；注重在績效承諾這個前提下推展工作；注重員工能力的動態平衡；根據組織現狀，做到實事求是地、有序地解決員工調入和調出問題。更重要的是，可以讓員工流動和組織業務管理進行系統融合。

在第二個領域，我們來說管理績效，此領域旨在建立可供業務部門、個人對照承諾的工作衡量工作表現的指標，並且依據這些指標討論工作績效，從而達到持續提高工作績效的目的。同樣地，從人力資本的視角看管理績效的話，其重點就不僅僅在於績效評估一個環節，而是建立了組織這個持續改進績效的系統。透過人力資本管理視角，組織才能在員工技能改善、工作流程和資源配置最佳化等方面進行持續討論和改進，並促進績效的提升和獲取。

系統的績效管理有四個目標：一是書面記錄部門、個人與承諾工作相關的績效目標；二是定期討論承諾工作的績效，以制定、調整下一步措施；三是管理績效實現過程中出現的問題；四是認可並表彰卓越的績效。

設定以上四個目標主要是為了解決組織中常見的管理績效問題。書面記錄部門、個人與承諾工作相關的績效目標主要解決組織中的以下問題：以指令代替目標，部門和員工缺乏責任感和目標感；盡量用量化的指標來評價人的績效而非主觀地評估；推展定期評審目標活動，以免目標過時。定期討論承諾的工作績效以制定、調整下一步措施，主要聚焦於：持續地關注以保障目標的正確性和上下一致性，聚焦於目標的實現而非討論員工的個性；組織持續關注提升和改進的機會。管理績效實現

第一部分　組織與管理

過程中出現的問題主要是為了保障：流程的公平性；員工有申訴之機會；組織面對問題並著手解決，而不是避而不談。認可並表彰卓越的績效，主要解決組織的一個重要問題：按照一致的操作準則，及時地表揚、認同及獎勵，打造組織內部的公平性和激勵文化。

當我們從人力資本管理的視角來看待績效流程時，就要關注改進而非評估，關注持續的、清晰的指標而非領導者指令，使得各個專業領域的工作者能夠聚焦在自己的專業領域努力，而非根據指令來回變動。

以上兩個領域是在專業主義這個階段，必須由組織主動建設組織能力，進而發動各類資源（時間、資金、制度建設、對失敗的總結與反思等）聚焦的專業領域，既聚焦於在各個領域需要做出傑出績效以滿足客戶與競爭需要的人才，也聚焦於這些領域的人力資源活動（徵才與配置、績效都是需要管理者花較大精力去從事的基本活動）。在這兩個專業領域的建設中，要設定對應的目標，解決組織中的人才配置和管理績效問題。需要強調的是，這兩個領域的改進必須開放思想，實事求是；必須從組織領袖開始，身體力行，為組織中所有的管理者做出榜樣，才有可能實施成功，這兩點可以稱為組織人力資源管理的基本功，也是觀察一個組織是否擁有合格人力資源管理基本功的風向標。

除去以上兩個領域，還有四個專業領域，分別是溝通與協調、培訓與發展、薪酬管理和工作環境。這四個領域從人力資本管理的角度看，可以作為在專業主義這個階段的第二優先順序。之所以說是第二優先順序，是基於重點聚焦有限資源的需求。在人員配置和管理績效的過程中，也會多少涉及與這四個領域關聯的內容。第二優先順序不是說這些領域不重要，而是隨著組織越過專業主義階段，由於業務變革會對培訓與發展提出更高的、深入業務的要求，使之成為激發生產力發展的主要

方式,那麼在業務變革階段,它就會更新為勝任力分析,進而透過培訓與發展的方式成為那個階段重點關注的專業領域。溝通與協調亦然,它會成為團隊建設的基礎方法並被重點關注。但在專業主義階段,我們優先建議將組織資源導向人才招募與配置以及管理績效。下面我們來看第二優先順序的四個領域,僅描述其定義、目標及對應的解決的問題。

溝通與協調旨在保證組織內部資訊及時交流,員工有互相分享資訊及有效協調活動的技能。一般來講,溝通與協調設定三個目標,分別是:

第一,組織內部資訊是共享的;第二,個人或者團隊可以提出他們關注的問題,這些問題應由管理層進行處理;第三,個人及團隊協調他們的活動以完成承諾的工作。其中資訊共享主要應對三類常見問題:一是價值觀不清楚;二是員工無法得到公司內部的、工作所需的重要資訊;三是缺乏雙向溝通的管道建設。強調管理層處理個人或團隊提出的問題,主要是為了解決日常工作中員工、團隊的不滿、恐懼心理,以及要求管理層持續追蹤並解決員工與團隊關注的問題。個人及團隊協調他們的活動以完成承諾的工作,主要是培養員工基本的溝通、協調技能,特別是掌握會議管理的技能,在組織中杜絕低效會議。

培訓與發展旨在保證員工具備完成工作所需的工作技能並提供相關的發展機會。它在這個階段的目標設定只有兩個,分別是:員工根據部門培訓計畫,及時接受完成工作所需的培訓;員工能夠透過工作追求發展的機會,從而實現個人職業發展目標。前一個目標強調組織本身應該事先識別培訓計畫,及時推展培訓,避免員工自己無力應對承諾的工作,這一點和前面的管理績效是一致的。第二個目標主要關注透過個人的積極主動,能夠在內部討論並獲得發展機會。

薪酬管理旨在基於員工對組織的貢獻和價值為員工提供相應的薪酬

第一部分　組織與管理

和福利，包括薪酬管理的策略、薪酬管理的計畫及薪酬管理的決策三方面內容。一般設定三個目標：計劃並執行薪酬策略及活動，並向員工傳達；薪酬是與一定的技能、資質和績效相關的；薪酬調整基於明確定義的標準。組織的薪酬策略和人才配置中的人才策略其實是連結的，這種連結基於業務週期，也基於組織本身的選擇。因此公開向組織內部講述薪酬策略是有益的，有助於與人才配置策略同步，進而穩定組織內部的員工關係，同時為未來演進提出方向。在薪酬策略的基礎上，實現外部的競爭性和內部的公平性，並在這兩個考量中進行調整。從這個角度看，外部競爭性並不是和外部的平均水準比較，而是和組織期望設定的水準比較。最後一個目標是要求組織在實施調整的過程中有明確的流程，以績效評價作為重要參考並及時溝通調整情況。

工作環境旨在建立並維護一個良好的物理環境，提供資源使員工及工作組可以高效率、不分心地完成工作。這一部分工作往往屬於行政管理範疇，不屬於 HR（Human Resources，人力資源）範疇，但這是一個與員工工作感受相關度高的領域，因此一併納入考慮。當我們說工作環境時，是指不同類型的員工進行工作所需要的環境和工具，是被認真分析後按標準配備的，並能夠及時地維護及跟隨時間進行改進和提升。一般設定兩個目標：一是提供物理環境及資源，以便員工完成工作任務；二是盡量減少工作環境中的干擾。很多人認為這個不重要，其實這一點在阻礙工作效率中往往非常明顯：供給不及時、環境與工具不具備、工具效能低下、存在有害因素、干擾過大都是工作環境中常見的問題。

專業主義是一個初級階段。在這個階段中，HR 這項職能以一個專業領域出現，對業務的主動影響較小，主要在自己的專業領域內推展工作。因此從組織視角看，這個時候的要求是 HR 能夠按照專業原則推展

工作，達到各個領域設定的目標，解決組織中常見的問題。如果從投入產出的角度看，一般來講，投入組織精力和資源到人員招募與配置、管理績效方面，對組織來說是收益最大的領域。但僅僅是上述兩個領域的投入，很難對組織產生系統性的、改變全局的影響。如果要達到整體效果，則需要能夠找到真正高水準的人將組織帶領到下一個發展階段。

要想達到更高的成熟度，組織就要有計畫地跨過專業主義，到成功的業務變革階段。我們在後續組織成熟度的環節也會講到，這個跨越對組織管理來講，躍遷是最大的，是管理組織成熟度的「涅槃之戰」。

1.3.3 業務變革

一定有讀者會問，這部分講什麼樣的業務變革呀？也有人會問，講人力資源怎麼講到業務變革，這是不是跑題了？我們先舉兩個例子，在本節的最後再予以說明。

首先來看一個網路組織的例子，某公司有名的鐵軍團隊，他們在拜訪客戶時的資料準備（見圖1-4）。

很多人對此會大吃一驚，原來一個客戶拜訪的資料準備竟如此複雜（而這只是一個目錄，實際的情況會比這個更深入且是可落實執行的）！這才了解鐵軍之所以為鐵軍的原因所在。這樣的準備程度和毫無準備的客戶拜訪獲得的效果能一樣嗎？顯然是不一樣的！這就是業務變革後的狀態！沒有這些業務變革，HR不存在從專業主義跨越出來的必要條件，只能在自己的專業深井中「坐井觀天」。

第一部分　組織與管理

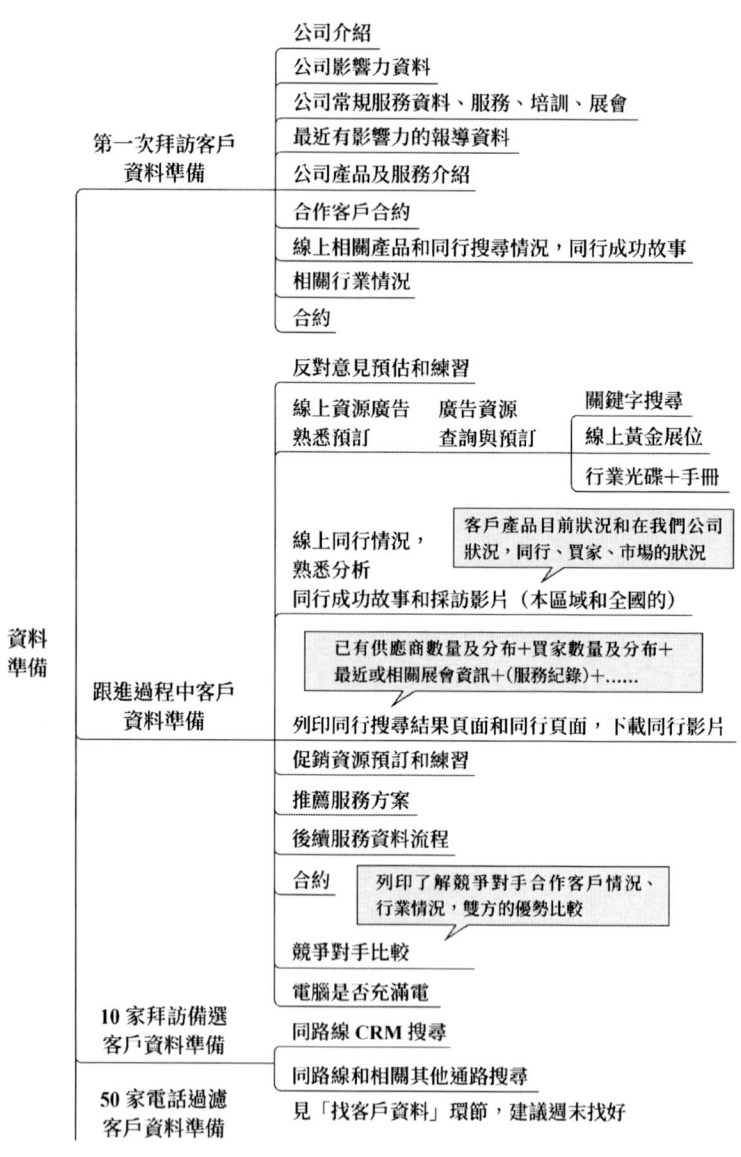

```
資料準備
├── 第一次拜訪客戶資料準備
│   ├── 公司介紹
│   ├── 公司影響力資料
│   ├── 公司常規服務資料、服務、培訓、展會
│   ├── 最近有影響力的報導資料
│   ├── 公司產品及服務介紹
│   ├── 合作客戶合約
│   ├── 線上相關產品和同行搜尋情況，同行成功故事
│   ├── 相關行業情況
│   └── 合約
├── 跟進過程中客戶資料準備
│   ├── 反對意見預估和練習
│   ├── 線上資源廣告熟悉預訂 ── 廣告資源查詢與預訂 ── 關鍵字搜尋／線上黃金展位／行業光碟＋手冊
│   ├── 線上同行情況，熟悉分析（客戶產品目前狀況和在我們公司狀況，同行、買家、市場的狀況）
│   ├── 同行成功故事和採訪影片（本區域和全國的）
│   ├── 列印同行搜尋結果頁面和同行頁面，下載同行影片（已有供應商數量及分布＋買家數量及分布＋最近或相關展會資訊＋(服務紀錄)＋……）
│   ├── 促銷資源預訂和練習
│   ├── 推薦服務方案
│   ├── 後續服務資料流程
│   ├── 合約（列印了解競爭對手合作客戶情況、行業情況，雙方的優勢比較）
│   └── 競爭對手比較
├── 10家拜訪備選客戶資料準備
│   ├── 電腦是否充滿電
│   └── 同路線 CRM 搜尋
└── 50家電話過濾客戶資料準備
    ├── 同路線和相關其他通路搜尋
    └── 見「找客戶資料」環節，建議週末找好
```

在這家公司，一項子流程「資料準備」就會細化成 20 多個細節流程

圖 1-4 鐵軍團隊拜訪客戶的資料準備
資料來源：俞朝翎，《幹就對了》。

首先說這樣的業務變革，更確定地說是業務流程細化帶來了什麼改變。第一，招募人員的標準大大降低了，如果流程細化到這個程度，一般的高中生都能完成。組織招募的人力資源池是不是被大大擴展了？第二，如此細化的流程能強化對候選人的吸引力，因為候選人知道，即使你給的待遇低一些，但經過短期的培養，員工個體在市場上的價值會急劇升值。第三，培訓工作變得簡單，員工自己學習，自己看之前的案例就好，人才培養的週期從不確定的數年能夠縮短到 3 個月左右。第四，員工發展不再是一句空話，只要組織有機會，員工是可以根據這些細分專業路徑一路升遷的。第五，當專業流程細化到這個程度，行政主管想擅自修改流程，用指令來指揮的難度就大大增加了，專業人員的地位得到尊重。第六，組織的創新有了基石，員工可以在這個基礎上進行創新，進而幫助組織進入不斷創新的循環中去，組織在業務中的人力資源此時被活化了。

上面是一個銷售的例子。接下來說一個筆者作為專案經理推展的關於商業機會洞察的例子。針對組織內的行業行銷經理和產品規劃經理，我們來看其框架設計（見圖 1-5）。

對於行業行銷經理和產品規劃經理來講，每個機會的分析都應按照這個結構來，組織提供模板，提供案例，提供在流程難點、關鍵點中的常用知識、技能與工具。有多少初階產品經理不能夠 3 個月左右學會呢？而這些涉及公司創新和行銷建設的流程一旦如大河奔流般執行，組織的效率怎麼會不提高？組織能力如何會不顯著提升？對人力資源的要求就超越了專業主義，就到了流程能力和人員勝任力的層面。

| 第一部分　組織與管理

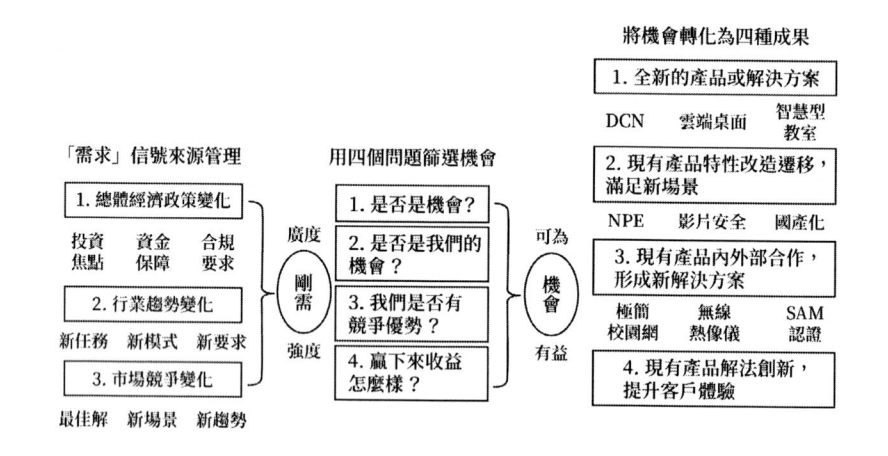

```
將機會轉化為四種成果
┌─────────────────────────┐
│ 1. 全新的產品或解決方案      │
└─────────────────────────┘
  DCN    雲端桌面   智慧型教室

┌─────────────────────────┐
│ 2. 現有產品特性改造遷移,    │
│    滿足新場景              │
└─────────────────────────┘
  NPE    影片安全   國產化

┌─────────────────────────┐
│ 3. 現有產品內外部合作,      │
│    形成新解決方案           │
└─────────────────────────┘
  極簡    無線      SAM
  校園網  熱像儀    認證

┌─────────────────────────┐
│ 4. 現有產品解法創新,        │
│    提升客戶體驗             │
└─────────────────────────┘
```

「需求」信號來源管理：
1. 總體經濟政策變化（投資焦點、資金保障、合規要求）
2. 行業趨勢變化（新任務、新模式、新要求）
3. 市場競爭變化（最佳解、新場景、新趨勢）

用四個問題篩選機會：
1. 是否是機會？
2. 是否是我們的機會？
3. 我們是否有競爭優勢？
4. 贏下來收益怎麼樣？

廣度／剛需／強度 → 機會（可為／有益）

產品規劃或者行業經理在日常工作中,能夠持續地主動識別出這些「需求」信號,並快速準確判斷、驗證可能的產品機會,是支持業務高速成長、創造客戶的基本活動,是組織其他活動的基石

圖 1-5　行業行銷經理與產品規劃經理商業機會洞察任務框架
資料來源：筆者繪製。

　　這個業務變革難嗎？非常難！前面我們以某公司 IPD 流程變革為例進行了說明，最初該公司整理出來的階段只有 12 項，在 IBM 專家的要求下整理出 200 多項任務，但最後真正實施的活動是 2,000 多項。只有在這個精細度下，組織才「削足適履」，達到國際一流的水準。該公司也藉助於這個流程的成功實施，掌握了組織變革的能力。

　　那麼這些業務流程的變革與 HR 有關係嗎？是 HR 領頭的嗎？一般來講，核心業務流程一定是由業務部門領頭居多的，這個時候也是 HR 最容易掉隊的時候。但如果你的組織還沒有開始這樣的改進，那 HR 不妨與優秀的業務負責人合作，在小範圍內嘗試。如果 HR 一號位作為專案經理與 CEO 配合在組織內部推展此類的改進，則是對 HR 發展更好的事情。幹部管理、行銷管理、產品創新都可以成為 HR 領頭的業務變革項目。HR 在這個階段要作為重要變革參與者的角色出現，因為 HR 要將

第 1 章　組織與組織進化之路

這些變革項目中涉及的流程與相關職位的勝任力分析、發展結合起來，才能落實，才能形成持續的人才團隊和正確的文化。

這一部分開頭我們用較多的文字來描述業務變革這個過程，來說明業務變革對 HR 的影響。在這個過程中，HR 扮演策略夥伴和變革支持者的角色。從組織視角來看，這個階段的聚焦策略是投入為客戶產生價值的核心流程、人員和工具上來，HR 在這個階段的專業活動，主要包含以下幾個方面：

第一個優先順序是勝任力分析與勝任力發展，進而有效地實施員工的職業發展。員工發展疊代升級後，要考慮團隊的開發，進而全面實現業務變革，使組織的人力資本管理策略累積成流程、工具和技能的升值，轉化為客戶端的成果。基於這個框架來推展人力資源規劃活動，激發參與文化，同時對專業主義階段的實踐進行升級疊代。

第一，我們來看勝任力分析。勝任力分析旨在辨識組織進行經營活動時所需的知識、技能以及過程能力，進而將它們加以開發並用作人力資源管理活動的基礎。我們講的勝任力是指人員勝任力，是員工為完成組織的某一類型工作而應具備的一系列知識、技能和過程能力。從流程的角度看，它又是員工執行流程所必需的；從組織的視角看，某些流程被組織中某幾類專業人員高品質地執行，便形成了組織的核心競爭力。

當我們講勝任力分析時，它涵蓋的範圍包括以下三個目標：一是定義並更新組織經營活動所需的人員勝任力；二是對人員勝任力所使用的工作流程進行定義並加以維護；三是組織追蹤其每項勝任力上的能力。

如果用更通俗易懂的語言來描述，則是這樣的：完成組織的任務需要哪些人員執行什麼任務？如何定義這些任務的執行流程及標準？目前人員勝任力和定義相比較，勝任力的情況如何？透過這樣的分析，就建

第一部分　組織與管理

立起了一個基於人員勝任力分析的組織框架，同時對任務的執行進行定義，並定期追蹤員工的達標情況，使之形成改進閉環。當人力資源以此為框架推展工作時，它便完成了 HR 與業務的融合。

第二，我們來看勝任力發展，它旨在持續地提高員工完成職責的能力。一旦基於組織核心流程的勝任力框架開發出來，組織對人員勝任力的提升就會極為關注，因為這和組織的績效緊密相關，是組織願意加大投資的領域。因此組織期望其成員不斷地突破，持續刷新。

在一般情況下，組織會為勝任力發展確定三個目標，分別是：組織為員工提供機會來發展其人員勝任力；員工按照組織的人員勝任力來提升自己的知識、技能及過程能力；組織使用自身的員工能力資源來發展其他員工的人員勝任力。通俗的表述就是：組織主動創造各式各樣的機會來發展員工勝任力（工作分配、交流、設定導師、知識庫學習等）；員工抓住一切機會來發展自身的勝任力；組織為整體的人員勝任力發展提供支持，包括勝任力團體、各類委員會以及對應的知識庫。員工在發展過程中會有標準可遵循，得到具體的，基於案例的和基於細節的回饋，在獲得績效和發展的同時，也為自己的職業發展鋪平道路。

第三，我們來講員工的職業發展，旨在向員工提供發展人員勝任力的機會，幫助其實現職業發展的目標。由於是基於核心業務流程被定義，並與職位的職責、任務相結合，因此員工發展在這個時候才開始脫離「行政管理」這條道路，而進入多通道發展之路，員工也更容易從一個職位序列跳到另外的序列。

一般來講，組織應該為員工職業發展確定以下兩個目標：組織提供能促進其人員勝任力發展的職業發展機會；員工透過自身的職業發展（包括知識、技能、過程能力）來提升自身對於組織的價值。到這裡，由於員工

的發展已經定義化、標準化，雙方基於職業發展的認知一致性大大提高，人員勝任力發展的效率已經不會成為瓶頸，組織能力的開發成為可能。

第四，我們來講工作組（團隊）的開發，旨在圍繞提高過程能力來組織工作。也就是說，從人員勝任力角度和流程角度進行分析之後，納入日常工作的場景（例如專案組、變革團隊等）中，還是要涉及不少的剪裁和協調工作，基於此，工作組的開發是必要的。

一般來講，組織應該為工作組的開發確定以下四個目標：一是為了最佳化相互依賴工作的績效而建立不同的工作組；二是工作組透過剪裁標準流程和角色來制定計畫和推展工作；三是工作組的招募活動關注點集中在組織人員勝任力的分配、發展和未來的部署方面；四是工作組的績效是按照文件化的承諾的工作目標來管理的。

在人員勝任力被分析和發展之後，工作組的組建本身會自然擁有組織的流程及對應資產，為不同專業間的協同創造了最小化依賴條件，為不同工作組、不同專業間的組織機構設定提供了量化的參考標準。同時，不同專業人員組成工作組時，對每個成員的人員勝任力是清楚的，有利於定義其角色及不同專業間的接口，按照工作組的工作場景應該進行哪些剪裁也是可以清楚辨識的。此外，工作組的人員選拔、解散、資產管理、管理績效也更加清晰和有依據。

以上 4 個專業領域是在業務深入變革時期，HR 管理活動可以重點投入的領域。在這個階段，業務負責人通常是變革的發起方，HR 是支持方，是重要參與方。除了這 4 個領域，還有 3 個領域可以作為第二個優先順序，分別是參與文化、人力規畫和基於勝任力的實踐（人員勝任力確定後對專業主義階段改造提升）。下面分別介紹。

參與文化旨在使組織對影響其經營績效的活動作決策時，能運用全

第一部分　組織與管理

體員工的智慧和能力。在專業主義階段，僅強調溝通與協調；在這個階段，由於員工具備了對應的專業能力，因此也應該具備專業的決策權，在這個時候鼓勵員工參與對應職責的決策是合理的，是組織進化之路上的必然選擇。

一般來講，參與文化在組織層面會確定三個專業目標：一是經營活動和結果的資訊在整個組織內廣泛地溝通；二是決策的制定能夠授權到組織合適的層級；三是員工和工作組參與結構化的決策制定過程。只有實現了這樣的目標，更進一步的高密度人才團隊才成為可能。

人力規畫旨在在組織層級以及業務部門層級來協調人力資源管理活動，以滿足當前及未來的業務發展需求。這裡主要是指策略目標與人員勝任力目標的量化對比，也就是回答人員勝任力在多大程度上滿足策略需求，在不滿足的部分應該推展哪些活動來實現。

一般來講，組織為人力規畫確定三個目標：一是組織應定義每個人員勝任力方面的量化發展目標；二是組織規劃當前及未來的經營活動所需的人員勝任力；三是業務單位按計畫推展人力資源管理活動來滿足當前及策略的勝任力需求。

基於勝任力的實踐旨在確保所有人力資源管理活動是支持員工的勝任力發展的，是在定義人員勝任力後對上一個階段活動的重新設計。主要有三個目標：一是人力資源管理活動聚焦在提升組織在其人員勝任力方面的能力；二是業務單位的人力資源管理活動鼓勵並支持個人和工作組開發並應用組織的人員勝任力；三是組織設計薪酬策略以及認可和獎勵實踐活動，以鼓勵發展和應用其人員勝任力。也就是說，招募、培訓與發展、薪酬要參照人員勝任力標準進行重新疊代升級。

在業務變革階段，HR 的實踐領域主要是上述內容。從組織人力資本

管理的視角來看，此處也分了兩個等級，主要關注的是建構基於核心業務流程的人員勝任力，繼而發展這些人員勝任力，同時便發展了工作組建設能力和員工的職業生涯。人力規畫、參與文化和基於勝任力的實踐被看作水到渠成的工作。

在本節的最後，我們來解釋本節講人力資源的成熟度時為什麼會提到業務變革。HR業務本身作為組織流程的一個大類，也是可以率先實現變革的，並不是說只能等著主要業務來變革（就像我們前面提到的率先進行幹部管理的變革，政府、組織變革率先從選拔人才開始等都是這方面的例子）。但從人力資本管理的視角出發，筆者認為率先選擇HR這個領域來推展業務變革，是在商業領域資源相對緊缺階段比較少見的管理策略，故而這個階段沿用了業務變革的說法。

1.3.4 適者生存

有不少人認為，達到業務變革這個層級就可以了。但從專業的角度看，確實還有進步的空間，亦有重點聚焦之價值。基於此，我們來闡述第四個級別：適者生存。在這一級別，共有6個專業領域，分別是導師制度、賦權的工作組、基於勝任力的資產、勝任力整合、組織能力管理和定量的管理績效。在這個級別，筆者不再推薦優先聚焦領域，而是根據各個組織的實際情況來開展相關人力資源活動，且達到這個階段的組織已經有能力自行判斷。

導師制度旨在傳播人員勝任力中的經驗，以改進其他個人或工作組的勝任力。與一般概念上的導師不同，這裡的導師具備幫助組織提升人員勝任力的能力，並參與基於勝任力的資產的建立和維護。通常組織在這個領域設定兩個目標：一是建立並維護導師制度，以達成定義的目標；

二是導師向個人或工作組提供指導和支持。此時導師在組織中發揮非常明確的專業權威職能，其對業務過程和人員勝任力的影響大大解放了「行政管理者」一般意義上的績效與成長輔導活動時間。

賦權的工作組旨在賦予團隊職責和權力，讓其決定如何最有效地推展自身的業務活動。當在等級2的時候，團隊是依靠協調技能的；到等級3，使用了讓員工去剪裁流程以達到協調的作用；在等級4，領導者開始無為而治，由團隊成員決定如何有效地推展活動。一般來講，組織在這個領域設定三個目標：工作組對工作流程負有責任，並被賦予權力處理工作過程中的問題；組織人力資源管理活動，鼓勵並支持賦權工作組的發展及其工作的推展；賦權的工作組在內部推展人力資源管理活動。

基於勝任力的資產旨在獲取在實施基於勝任力的過程中開發的知識、經驗及工作成果等，用於提高能力和績效。與上一個等級關注人員勝任力的開發活動不同，這個領域開始關注流程能力。一般來講，組織在這個領域設定三個目標：一是基於勝任力的過程中收穫的知識、經驗和工作成果被納入基於勝任力的資產中；二是基於勝任力的資產被有效地推廣並利用；三是人力資源管理活動鼓勵並支持開發和使用基於勝任力的資產。

勝任力整合旨在透過整合不同人員勝任力的過程能力，提升相關工作的效率及靈活性。在專業主義的時候，組織靠協調衝突的技能來解決問題；在業務變革之後，組織靠工作組內部的協調來解決問題。在這個等級，根據組織的經驗，已經形成了整合的人員勝任力要求及對應的流程，也就是已經跳出了人際關係的解決方式而靠流程定義相互協調的規則。一般來講，組織在這個領域設定3個目標：一是由不同人員所使用的基於勝任力的過程被整合到一起，以提高相互依賴工作的效率；二是將整合後的基於勝任力的新過程應用於包含多個人員勝任力的工作中；

第 1 章　組織與組織進化之路

三是改進人力資源管理活動來支持多領域協同工作。這個過程是業務變革的必然，當業務流程在某一個領域被定義的時候，自然涉及流程的上游和下游，因此這些活動會逐漸被整合。需要注意的是，組織要追蹤這些組合併予以推廣，使其納入更新的人員勝任力。

組織能力管理旨在量化和管理員工勝任力，以及基於勝任力的關鍵過程。業務變革階段我們講人員勝任力發展，等級 4 主要講透過遵循某一流程獲得預期的一系列成果（這些成果有可能是為了適應變化，有可能是為了組織能力提升），更好地支撐組織績效的達成。一般來講，組織在這個領域設定四個目標：定量管理開發關鍵人員勝任力的程序；量化評估並管理人力資源管理活動對關鍵人員勝任力能力活動的影響；建立並量化管理關鍵人員勝任力的過程能力；評估和定量管理人力資源管理活動對關鍵人員勝任力所對應的過程能力的影響。一言以蔽之，這個時候具備了自主提升和適應環境的能力，可以面對適者生存的競爭環境。

定量的管理績效旨在預測和管理基於勝任力的過程，以得到可度量的績效目標。在專業主義階段，關注的是員工個體績效，採用定期回饋的方式來追蹤；在業務變革階段，我們重點關注工作組的績效，一般是在流程結束的時候；在適者生存階段，組織已經具備在流程中隨時關注流程績效的能力從而適應內外部變化。一般來講，組織在這個領域設定兩個目標：一是針對那些能顯著促進績效目標達成的過程，建立可度量的績效目標；二是定量管理基於勝任力過程的績效。也就是說在這個階段，績效目標已經完全具備量化管理的條件，同時根據流程能力基線[03]，組織已經具備一定的靈活調整和持續改進的管理績效能力。

---

[03] 基線（Baseline）是網球術語，也是軟體術語，此處為軟體術語的引申義。當為軟體術語時，是指軟體文件或原始碼（或其他產出物）的一個穩定版本，是進一步開發的基礎。

第一部分　組織與管理

1.3.5　持續最佳化

在這個等級只有三個領域，分別是持續能力改進、組織績效的協調性和持續的人力資源管理革新。

持續能力改進旨在為個人和工作組提供一個改進的基礎，以讓他們持續改進其執行過程的能力。我們在等級 3 透過業務變革在組織內部建立過程；等級 4 實現了定量的管理過程能力，這個領域將在等級 4 的基礎上持續實現個體工作過程和工作組工作過程能力的持續改進。一般來講，組織在這個領域設定四個目標：一是組織建立並維護機制，以支持其持續改進基於勝任力的過程；二是個人持續地改進其工作過程方面的能力；三是工作組持續改進其工作過程方面的能力；四是基於勝任力的過程能力得到持續改進。一言以蔽之，組織在個體勝任力、流程能力、勝任力發展的管理能力以及組織的資源和機制方面都是支持持續改進的。

組織績效的協調性旨在加強個人、工作組以及業務單位的績效結果與組織績效以及經營目標的一致性。在等級 2 的時候我們關注個人管理；在等級 3，關注管理工作組績效；在等級 4，演進到管理流程績效；在等級 5，關注的是管理績效的協調性。一般來講，組織在這個領域設定兩個目標：一是個人、工作組、業務單位以及整個組織的績效協調性得到持續改進；二是持續加強人力資源管理活動在協調個人、工作組、業務單位及整個組織的績效方面的影響。這樣才能使整個組織方向一致、步調一致地實現高績效。

持續的人力資源管理革新旨在透過辨識和評估在人力資源管理活動與技術方面的改進或創新行為，並對有價值的活動進行推廣。無論是偶

然的改進，還是持續不斷投入的改進，都應納入組織持續改進的機制中。一般來講，組織在這個領域設定三個目標：一是組織建立並維護機制，以支持其人力資源管理活動和技術上的持續改進；二是辨識評估在人力資源管理活動和技術方面的創新改進行為；三是以有序的流程實施創新的或改進的人力資源管理活動和技術，使組織的人力資源管理活動做到「苟日新，日日新」。

1.3.6　小結

上述幾個小節著重闡述了組織人力資源管理進階路線和不同階段的重點聚焦建議。這個過程我們採取了「成熟度 —— 專業領域 —— 目標（問題）」的方式，是為了使讀者相對容易理解。按照組織成熟度模型，目標（問題）之下還有一些實踐內容的設定。在勝任力分析方面，我們把人員勝任力對應在了任務／活動層面，也是一個簡化，由於這些內容過於細節化，因此在敘述過程中省略了。

組織成熟度作為一個方法可以運用到各類業務流程，它包含專業領域，專業領域向下抽象為各類組織的共性，進而描述實踐活動（以人員成熟度模型為例，它有 5 個等級、22 個專業領域、87 個共性特徵、499 個實踐，對於讀者來講複雜度較高）。對應到組織維度，它其實幫助我們描述組織在該業務領域的人員能力，幫助我們確定專業領域建設目標，按照共性特徵來實施或形成制度化流程，以及描述組織的管理活動。具體情況可參見圖 1-6。

第一部分　組織與管理

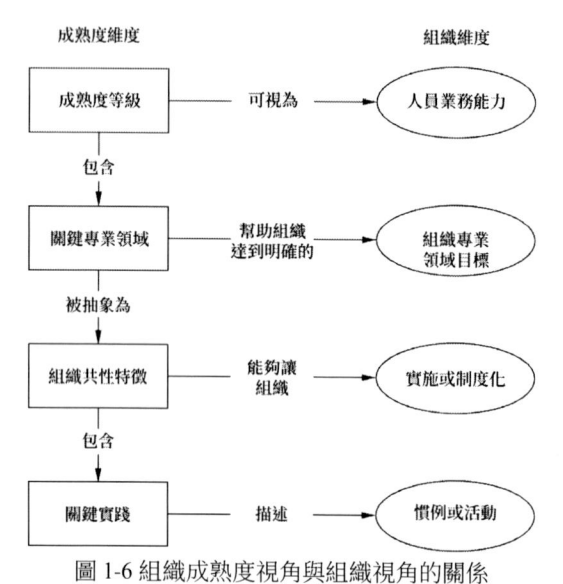

```
成熟度維度                         組織維度

  ┌─────────┐    可視為    ╭─────────╮
  │成熟度等級│ ──────────→ │人員業務能力│
  └─────────┘              ╰─────────╯
       │ 包含
       ↓
  ┌─────────┐  幫助組織    ╭─────────╮
  │關鍵專業領域│ 達到明確的 → │組織專業   │
  └─────────┘              │領域目標   │
       │ 被抽象為          ╰─────────╯
       ↓
  ┌─────────┐  能夠讓      ╭─────────╮
  │組織共性特徵│ 組織      → │實施或制度化│
  └─────────┘              ╰─────────╯
       │ 包含
       ↓
  ┌─────────┐    描述      ╭─────────╮
  │ 關鍵實踐 │ ──────────→ │ 慣例或活動│
  └─────────┘              ╰─────────╯
```

圖 1-6 組織成熟度視角與組織視角的關係

資料來源：Bill Gates 等，The People Capability Maturity Model。

　　透過以上描述，我們建立了一個變革的路線圖，告訴大家在不同成熟度的組織內應該關注哪些人力資源專業領域，採取什麼樣的重點聚焦策略是最有效的。每一個成熟度等級的達成都需要約 3 年時間的沉澱（激進的組織、有基礎的組織可以將第一步目標設定為挑戰業務變革），從而為 HR 的整體策略演變提供了豐富的路線選擇，形成組織級人力資本管理策略，形成人力資本。同時這 22 個專業領域也可以分為 4 類，成為細分專業上的演進路線：第一類稱為塑造人力資源，從人員招募與配置開始到人力規畫，再發展到組織能力管理，最後形成持續的人力資源管理革新。第二類稱為激發和管理績效，從最基礎的工作環境、薪酬管理、管理績效到員工職業生涯發展、基於勝任力的實踐，進而發展到定量的管理績效，最後實現管理績效的協調性，增強從上到下的一致性。第三類稱為開發能力和勝任力，從培訓與發展演進到勝任力分析與勝任力發

展，進而發展到導師制度和勝任力資產管理，最後發展到持續的能力改進。最後一類稱為建設團隊和文化，從溝通與協調發展到工作組開發和參與文化，進而演進到賦權的工作組和勝任力整合，最後也導向持續的能力改進（見圖1-7、圖1-8）。需要說明的是，圖1-8是對People CMM過程域（圖1-7）的改進。這一方面是為了全面採用組織視角，對等級的稱呼進行了改進，另一方面是為了在等級2和等級3的過程域中顯示出一條高優先順序的路線（過程域加粗和箭頭標識部分）。

　　有路線圖不一定會成功，還要選擇合適的時機，有合適的發起人和專案經理，甚至要有合適的顧問來幫助組織推展基於成熟度的選擇，或基於專業領域的選擇。要切記的是，變革不是一蹴而就的，每一次成熟度的改變都可以看成是變革。從現在開始，就是最好的時候。

等級	People CMM 過程域			
	開發能力和勝任力	建設工作組和文化	激發和管理績效	塑造人力資源
5 最佳化級	持續能力改進		管理組織績效的協調性	持續的人力資源管理革新
4 預測級	導師制度 基於勝任力的資產	勝任力整合 賦權的工作組	定量的績效管理	組織能力管理
3 定義級	勝任力開發 勝任力分析	工作組開發 參與文化	基於勝任力的實踐職業發展	人力規畫
2 管理級	培訓與發展	溝通與協調	薪酬管理 績效管理 工作環境	招募

圖 1-7 People CMM 過程域
資料來源：人力資源能力成熟度模型介紹，卡內基梅隆大學軟體工程研究所。

第一部分　組織與管理

等級	從人力資源管理到人力資本管理的進化之路			
	塑造人力資源	激發和管理績效	勝任力開發	建設團隊與文化
5 持續最佳化	持續的人力資源管理革新	管理組織績效的協調性	持續能力改進	
4 適者生存	組織能力管理	定量的管理績效	導師制度 基於勝任力的資產	勝任力整合 賦權的工作組
3 業務變革	人力規畫	基於勝任力的實踐職業發展	勝任力分析 勝任力發展	工作組開發 參與文化
2 專業主義	招募與配置	管理績效 薪酬管理 工作環境	培訓與發展	溝通與協調
1 隨機發生	生存第一，用其所長			

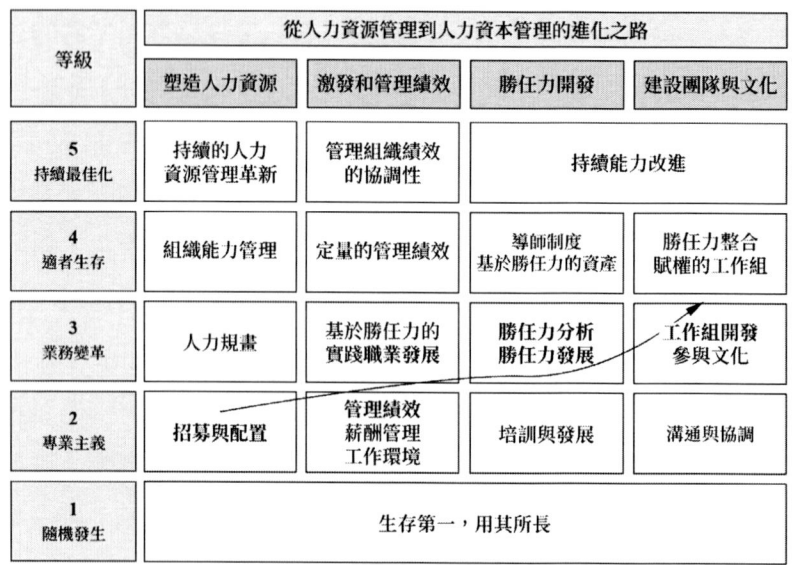

圖 1-8 從人力資源管理到人力資本管理的進化之路
資料來源：筆者繪製。

讀者會問，我所在組織的人力資源活動目前處在什麼等級呢？以筆者有限的觀察，大部分組織無法完全滿足等級 2 專業主義階段的要求，會有諸多需要改進的地方；少部分組織推展了一些等級 3 乃至等級 4 的實踐，但整體達到等級 3 成熟度的組織還是很少，一旦達到這個等級，我們就認為它的組織能力基本過關了，能對組織在人力資本方面的累積進行有效控制。

組織變革之所以有難度，是因為在各個不同的階段，組織關注的人、流程狀態、對組織協調機制的假設以及獲取績效的方式各不相同，見圖 1-9。正是組織獲取績效採取的協調方式不同，我們才定義了組織成熟度這個概念，並區分出不同的階段。

第 1 章　組織與組織進化之路

等級	組織進化之路			
	績效獲取方式	對組織的假設	關注的人	流程
5 持續最佳化	向創新要未來	組織龐大的力量蘊藏在群眾之中	與組織流程執行能力提升相關的所有人	組織流程被定義、協調、剪裁、創新
4 適者生存	用能力適應變化	有組織能力才能適應環境變化	與組織重要競爭能力提升相關的所有人	即時重要流程資料回饋與調節
3 業務變革	向業務變革要成果	核心競爭力是獲勝之本	組織核心競爭力提升涉及的關鍵人	關係組織核心競爭力的流程被分析、發展
2 專業主義	向人才要績效	組織需要專業人士的貢獻	部分管理者或專家	專業視角的流程，注重專業原則
1 隨機發生	向領袖要生存	一切老闆說了算	組織領袖個體	缺少流程，大多是根據情境的個人決斷

圖 1-9 組織進化之路，以組織成熟度為視角
資料來源：筆者繪製。

至此，我們看到組織進化之路是與組織假設、關注人員範圍、流程建設狀態交織在一起演進和變化的，在不同專業領域（可以理解為不同專業流程）、不同團隊中其狀態也是不同的，但都可以評估、選擇並採取對應的組織建設、人力資源管理實踐、流程建設策略。

綜上，當我們講到組織時，對外展現的是其社會功能，對內是要提升不同的組織能力；當我們去看組織能力時，一方面是各類專業流程展現出的流程能力，另一方面是不同人之間的協調活動。因此，到這裡我們可以完全引入組織成熟度概念，即組織成熟度是指擁有不同假設的組織，採取不同組織績效獲取方式下對應的流程與人力資源活動展現出的主要特徵。由於各組織定義的競爭力不同，所以我們很難逐一描述其業務流程，故而該部分採取了描述較為統一的人力資源活動的方式。

首先，讀者應該了解到，組織並不教條地存在一個百分之百屬於某

> 第一部分　組織與管理

個成熟度的等級狀態，例如組織可以既有老闆說了算的情況，又有向專業人才賦權的情況，甚至這些專業人員還在核心競爭力方面累積了一些優勢。因此判斷一個組織、團隊的成熟度在於找主要矛盾，無須將所有表現與模型描述一一對應。傳統的成熟度評估方法就是透過在實踐層面一一對應判斷的，這個判斷只適用於專業的評估師，不在本書的考量範圍之內。

其次，我們應該了解到，組織領袖對組織假設的改變是組織成熟度改變的最初動力，這也是它的難點所在。其中最難的部分是從專業主義到業務變革，因為這個時候要從信賴人轉變為信賴流程，這是很多組織領袖難以實現的轉變；與此同時，從原有業務變革逐漸走向成熟時，重拾專業主義的實踐也是一個難點。

最後，不僅在一個法定的組織中，在組織中的某一個部門、某一個團隊都可以使用成熟度的方法來實施改進。同時，組織的職能部門也可以針對不同業務線的不同成熟度採取不同的管理策略。

本章重點以人力資源視角，向大家介紹了組織、組織成熟度、組織成熟度視角的組織進化之路（以人力資源實踐為主軸），對流程管理感興趣的讀者可以直接跳到附錄《簡說流程管理》章節去閱讀。下一章我們將在組織成熟度視角下，對管理的演進以及對數位經濟時代的意義進行闡述。

第 2 章　成熟度視角下的管理

　　上一章我們就組織、組織成熟度和組織成熟度視角的組織進化進行了闡述。本章將在成熟度視角下對管理進行闡述，說明在數位經濟的當下以及未來，成熟度是組織在管理方面採取的有效方法。

2.1　管理概念 ABC

　　在管理理論中，關於管理的說法各不相同，這裡僅根據哈羅德・孔茨（Harold Koontz）1980 年在《管理學會評論》上發表的〈再論管理理論的叢林〉中的內容做簡單介紹。

　　過程學派把管理看作一個過程，能夠透過對管理職能的分析建立起認知管理的理性知識體系。這個觀點是偏靜態的，所有事情都可以看成過程。

　　人類行為學派把管理等同於研究人與人之間的關係或者群體中人的行為，這個學派應該成為管理學的基礎之一，但其還遠不夠涵蓋管理的概念。

　　經驗學派[04]將管理看作一種經驗研究，有時試圖將其一般化。

　　決策理論學派認為管理就是決策，因而應集中研究決策問題。

　　社會系統學派將管理看作系統來進行研究。

　　以上五類學派其實採用了一類模式，將 A 描述為 B，然後按照 B 的方式進行研究。顯然每一類學派和管理本體都有大量交集，但顯然每一類學派都不是管理本體。

---

[04] 經驗學派這個詞的翻譯或許本身也需要考量，但不影響筆者如此來表述。

第一部分　組織與管理

權變學派認為，在組織管理中要根據組織所處的內外部條件隨機應變，沒有什麼一成不變、普遍適用的「最好的」管理理論和方法。這種基於情景的定義沒有錯，但這和沒說又有什麼不同呢？

管理角色學派觀察經理人的實際活動，然後對管理是什麼得出結論。這意味著它信奉的哲學是存在便為真理，顯然我們沒有辦法完全認同這個觀點。

管理運作觀點認為管理活動存在著一個核心知識內涵，諸如直線和職能、部門化、管理幅度的限度、管理評價以及各類管理控制技巧等，同時借用大量其他領域的相關知識。顯然這個觀點具有折中性，但它的內涵不夠準確，外延又過於豐富了。

這些管理理論對我們認識管理都做出了貢獻，但在組織中使用時總讓人覺得難以配對場景，很難讓人有一個直覺的理解。筆者的方法是，在書本中如果找不到滿意的答案，就去找一些相關的例子看看。

2.2　從幾個現實例子說起

首先講一個醫療領域的例子。多數人一生中總會有那麼幾次和醫院打交道的經歷，因此容易引起大家的共鳴。

白宮最年輕的健康政策顧問，美國著名外科醫生阿圖‧葛文德（Atul Gawande）在《一位外科醫師的修煉》（*Complications: A Surgeon's Notes on an Imperfect Science*）中說，「美國每年至少有 44,000 名病人死於醫療過失」。他同時引用了 1991 年《新英格蘭醫學期刊》中的一個研究報告，研究對象為紐約州的 30,000 多家醫院和診所，發現「將近 4% 的住院病人因為併發症而導致住院時間延長、殘疾甚至死亡，而這些併發症有 3 分之 2 是由於後期護理不當引起的，4 分之 1 則確定是由於醫生的醫療過

失所致」。讀到這裡，讀者很容易發問，美國這個管理先驅國家醫療過失都這麼多嗎？有什麼辦法可以減少這種情況發生嗎？

答案是「有」！筆者在此書中舉一個疝氣手術的例子。在美國的普通醫院，這個手術要花 90 分鐘、4,000 美元，無論在哪家醫院，手術有 10%～15% 的機率會失敗，需要重新修補。然而在加拿大多倫多郊外的一間小診所肖爾代斯醫院，疝氣修補手術只需要 30～45 分鐘，手術失敗需要重新做的機率不到 1%，費用是其他醫院的 50%。

哇！肖爾代斯（Shouldice）醫生是如何做到的？很簡單，這裡有 12 名醫生，只做疝氣修補手術，重點是每位醫生都完全按照標準程序操作，一步不差。

舉個小例子，一半的醫院通常都會把疝氣凸起推回去，然後在上面加上一塊人造網膜，幫助固定。肖爾代斯醫院沒有這個過程，因為他們認為加入人造網膜會增加感染的可能性，而且費用比較高。何況，沒有它，病人也能恢復得很好！

如果非要找出肖爾代斯醫院和其他醫院的不同，那就是他們的建築是專門為疝氣病人設計的。病房裡沒有電話、電視，病人要吃飯就得去樓下餐廳，病人別無選擇，必須自己起來來回走動，這樣就可以避免病人因運動不足患上肺炎或腿部靜脈栓塞等併發症。他們的手術間隔時間為 3 分鐘，在這 3 分鐘之內，乾淨的床單和新的器具就已經在手術室裡重新布置就緒了。

看完這個例子，你會不會覺得這個肖爾代斯醫院雖然小，但管理得令人敬佩呢？

接著再講一個醫療領域的例子：分娩。

第一部分　組織與管理

人類分娩是一種神奇的自然現象。我們之所以能夠直立行走，是因為擁有由骨骼構成的狹小、堅固的骨盆。然而，人類由於智力發展，嬰兒天生就有很大的頭部，幾乎無法通過骨盆。因此從生物學意義上講，人類分娩之所以能夠進行是一個妥協的產物，一方面人類嬰兒出生的時候發育程度和其他動物比還遠遠不夠；另一方面母親在分娩過程中會發生「子宮頸管消失」。因此，歷史上，分娩是年輕女性和嬰兒死亡最常見的原因。也就是說，我們每個人的出生之日，母親和自己都冒著一定的風險。

雖然 20 世紀早期，麻醉和消毒法得以發展，雙層縫合技術以及剖腹產都已經出現且得到了不錯的發展，但根據美國紐約市 1933 年對 2,041 例分娩案例進行的研究發現：至少 3 分之 2 的死亡是可以避免的。有技術加持的醫院相比於家庭分娩沒有展現出任何優勢。在 1930 年代中期，150 名孕婦當中就有 1 名在分娩時死亡，新生兒更甚，在 30 個新生兒中就有一個在出生時死亡。

後來這個情況的改善並不是人們採用了什麼新技術，而是廣泛地採用了阿普伽新生兒評分表。護理人員根據 0～10 的等級標準對新生兒的狀況進行評估。嬰兒渾身呈粉紅色可以得 2 分，有啼哭可以得 2 分，進食良好可以得 2 分，呼吸有力可以得 2 分，四肢都能移動得 2 分，心率超過 100 得 2 分。小於等於 4 分代表嬰兒不健全，體質虛弱；大於等於 10 分表示新生兒出生時狀況最佳。

這個表的推廣令人吃驚，幾乎世界各地的醫院都開始採用，在新生兒出生後 1 分鐘和 5 分鐘分別記錄一次評分。為了達到更好的效果，醫院圍繞這些指標推展了各式各樣的醫療活動，例如就算嬰兒出生後 1 分鐘時的評分很糟，但透過輸氧和保暖措施，新生兒往往都能被救活，5 分

鐘後評分結果也都很好。從現在的資料來看，產婦的死亡率降到了萬分之一，足月新生兒的死亡率降到了千分之二。如果按照2021年全球出生1.34億人計算，每年有超過85萬名產婦，400萬名新生兒由於醫療過程被更高效地管理而避免了死亡，目前任何醫學專科挽救過的生命數量都不能和產科的這個成就相提並論。

連著講了兩個醫療行業的例子。我們再來講一個教育行業的例子，某市某區是教育最發達的地區之一，該區擁有六所實力強勁的高中，被稱為「六小強」。那麼這些學校是什麼地方強呢？有人說「人家根本就是生源強，哪個學校有這樣的生源也能做到」。真的是這樣嗎？筆者分別向身邊的一位高三班導、鄰居賈老師以及某管理顧問公司的張老師請教。她們的答案大概是這樣的：賈老師說區別在於老師在授課過程中的準備和方法不同。所謂準備不同，是這些學校的學科老師首先會基於考點重新整理知識點，然後基於這些分類的知識點再進行課堂設計，最大限度地將課程設計為圍繞學生學習品質的提升，然後透過考試予以核查。我們來看一下他們對考試成績的統計和一般的學校有何不同（見表2-1）：

表2-1 某中學考試評分回饋表
資料來源：某管理顧問公司。

題目	8月模擬考 53.5＋43		10月考 61＋38		期中考 63.5＋43		11月考 56.5＋	
1	1. 字音	2-2	1. 字音	2滿	1. 字音	2滿	1. 字音	滿
2	2. 錯字	滿	2. 錯字	2滿	2. 錯字	2滿	2. 錯字	滿
3	3. 用詞	滿	3. 用詞	2滿	3. 用詞	2滿	3. 用詞	滿
4	4. 標點	2-2	4. 病句	2滿	4. 病句	2滿	4. 病句	-3
5	5. 修辭	滿	5. 關聯詞	2滿	5. 排序	2滿	5. 關聯詞	滿
6	6. 排序	滿	6. 排序	2滿	6. 文常	2滿	6. 排序	滿
7	7. 默寫	5-1	7. 默寫	5-1	7. 默寫	5滿	7. 默寫	滿

第一部分　組織與管理

題目	8月模擬考 53.5＋43		10月考 61＋38		期中考 63.5＋43		11月考 56.5＋	
8	8.名著	4滿	8.名著	4-1	8.名著	3-1	8.名著	3-2
9	9.綜合1	3-2	9.綜合性	4-1	9.綜合	4-1	9.文言	滿
10	10.綜合2	4-2	10.綜合性	2滿	10.綜合	4-0.5	10.文言	滿
11	11.綜合3	2滿	11.綜合性	3滿	11.綜合	3滿	11.文言	滿
12	12.文言文字	2-2	12.文言字	2滿	12.文言字	2滿	12.問答	-1
13	13.文言文句	4-2	13.文言字	2滿	13.文言句	2滿	13.記敘	滿
14	14.問答	3滿	14.文言句	2滿	14.文問答	4滿	14.記敘	-2
15	15.記1填表	4滿	15.文問答	3-0.5	15.表格	4-1	15.記敘	-3
16	16.記敘文2	4-1	16.散表格	6-1	16.記敘	4-1	16.說明	滿
17	17.記敘文	7滿	17.散品味	3-1.5	17.記敘	7滿	17.說明	滿
18	18.說明文	3-1	18.分析	6滿	18.說明文	3滿	18.議論	3-1

題目	12月期末 60＋41		2月摸底 55.5＋44		3月月考 58＋43	
1	1.字音	2滿	1.字音	2滿	1.字音	滿
2	2.字意	2滿	2.字意	2-2	2.字意	滿
3	3.用詞	2滿	3.用詞	2滿	3.用詞	滿
4	4.排序	2滿	4.排序	2滿	4.排序	滿
5	5.標點	2-2	5.標點	2滿	5.標點	滿
6	6.修辭	2滿	6.修辭	2-2	6.修辭	滿
7	7.默寫	5滿	7.默寫	5滿	7.默寫	滿
8	8.名著	3滿	8.名著	3-0.5	8.名著	4-2
9	9.綜合1	4-1	9.綜合1	4滿	9.綜合1	3-1
10	10.綜合2	4滿	10.綜合2	4滿	10.綜合2	3-1
11	11.綜合3	3-0.5	11.綜合3	3-1	11.綜合3	4-1.5
12	12.文言字	2滿	12.文言字	2-0.5	12.文言字	滿
13	13.文言句	2滿	13.文言句	4滿	13.文言句	滿
14	14.問答	4-1	14.問答	2滿	14.問答	滿
15	15.記情節	-0.5	15.記填表	-0.5	15.記填表	5-2

第 2 章　成熟度視角下的管理

題目	12 月期末 60 ＋ 41		2 月摸底 55.5 ＋ 44		3 月月考 58 ＋ 43	
16	16. 記敘文	4-1	16. 記敘文 2	滿	16. 記敘文 2	4-0.5
17	17. 記作文	7-0.5	17. 記作文	-3	17. 記作文	6-3
18	18. 說明文	4 滿	18. 說明文 1	-1	18. 說明文 1	滿

你發現了嗎？對於學生是否掌握了每一類知識點，老師透過歷次考試都會了解得非常清楚，重要的是學生被回饋得更清楚。如果沒有對這些知識進行重新整理和改進教學方法，做到這樣逆天的判卷和試卷分析是非常難的。

張老師還特別總結了他們教授記敘文寫作的要求：一般講 5 個段落，開頭、結尾段落 4～5 行，中間記敘時間、地點、人物、時間的細節共計 3 段、每段 10 行。中間的內容不講，我們只說開頭和結尾，開頭要求場景化開場，例如，「在硝煙瀰漫的戰場上，突然聽到一聲命令，說：『衝啊，弟兄們！』這就是我最喜歡的電視劇中的情節。」你看這個開頭是不是讓閱卷老師在非常繁重的工作中一下子就記住你了呀？然後看結尾要求，要用排比句結束，加強氣勢，最後還要用出一個小尾巴，最好用省略號結尾，這是導演讓觀眾自己想結尾的做法呀。哪裡會有老師不給高分呢？如果學生的作文是這樣講的，還會有學生經過幾次練習而學不會嗎？再加上根據這些主題推薦學生做課外閱讀，孩子們的相關視野自然就打開了。

無論是醫療還是教育，這些組織和我們的生命、生活都息息相關。如果沒有人去提升組織產出的品質，不僅在這些組織中的人沒有成就感，接受服務的我們也無法得到高品質的生命、生活和教育保障。

第一部分　組織與管理

　　讓我們把視野拉回到商業組織中來，我們在組織中選擇兩個場景來說明管理的存在，進而為理解其概念打下基礎。

　　在組織中，我們常見的一種行為是決策，那麼在組織中經常見到的決策方式有哪些呢？我們來看看埃德加・席恩（Edgar H. Schein）在《過程諮詢（III）》（*Process Consultation Revisited*）中的描述（內容略有刪減）：

　　(1) 石沉大海的決策。這是最常見也最不容易覺察的團隊決策方式，某人提出一個想法，在團隊中的其他人對這個想法給出回饋之前，另一個人又提出一個新想法，這個過程周而復始，直至團隊選擇一個想法開始討論。所有被忽略的想法實質上都是由團隊選擇的，只是團隊的選擇不支持這種想法，用忽視讓提出者感覺到他的想法如同「石沉大海」。在大多數會議中，這樣的「石頭」隨處可見，而在這種決策方式背後的隱性假設是「沉默代表不認同」。

　　(2) 權威決策。很多團隊建立了權力結構，以確保會議主席或其他權威人士擁有決策制定權。團隊成員可以各抒己見、暢所欲言，但在意見發表完後，主席可以隨時宣布自己的決定。雖然這種方式非常高效，但它的有效性在相當程度上取決於主席是不是一名足夠好的傾聽者，以及能否從討論中挑選出正確的資訊進行決策。此外，如果團隊繼續推進工作或執行決策，那麼這種方式決定了只會有少數團隊成員參與，這會降低團隊成員的參與度，進而影響決策實施的品質。

　　(3) 自我決策或少數決策。團隊成員常常抱怨他們「被通過了」某些決策，原因是少數團隊成員的想法很有建設性，他們就將自己的想法等同於決策，然而並沒有得到大多數人的認同。在這種情況下，隱性假設就變成了「沉默代表無異議」。少數決策的另一形式是自我決策，是指當團隊中的某個成員提出建議後，既沒有人提出其他建議，也沒有人反

對，於是團隊就按照該成員的建議執行了。

（4）少數服從多數決策：投票／選舉。這種方式我們並不陌生，美國標榜的民主就是這樣的。這樣的方式看似完美無缺，但令人驚奇的是，即使是透過這種方式制定的決策，也常常無法得以有效實施。換句話說，投票造成了團隊分裂，失敗者並不關注如何實現多數派的決議，而是想方設法贏得下一個回合。

（5）共識決策。最有效但最耗時的決策方式是達成共識。這裡的共識並不是指意見完全一致，而是一種溝通順暢、氛圍融洽、公平公正，每個人都感到他們有機會影響決策的狀態。為了達到這種狀態，所有成員都應該有足夠的時間來陳述反對意見，讓其他人完全理解自己的想法。如若不然，他們會認為沒有獲得他人的支持是因為自己沒有陳述清楚，並且持續糾結於這個想法。只有認真傾聽反對意見，才能消除這種感覺，達成有效的集體決策。

（6）無異議決策。一種邏輯上完美但無法實現的決策。

從以上決策方式看，顯然第一種我們不應該採取，最後一種做不到，剩下的四種在組織中經常出現。筆者想問的是，這些決策方式適合你組織裡的哪些場景？或者說，你們採取的主流決策方式是什麼？為了讓你的組織採取這樣的決策方式，需要做哪些準備工作？這對你們的會議有什麼影響？如何才能讓你們這樣的決策方式最有利於組織發揮社會職能、更好地滿足客戶、社群和員工？

有讀者會想，決策嘛，主管們決策多，普通員工哪裡有那麼多決策呀！員工就是一位脫口秀演員所說的：「躺有躺的價格，捲有捲的價格。」那麼我們接著舉一個組織中對話的例子，這樣會涉及每個人。這裡的例子叫艾薩克基本談話模型（見圖 2-1）。

第一部分　組織與管理

這個模型很簡單，左邊一支導向辯論，證明我是對的；右邊一支導向整合，共同建立整體的思考，接受差異。你願意在什麼樣的組織中工作呢？如果接受其中的一支，我們需要建立什麼樣的政策和行為來使其達到效率最大化呢？如何同時讓組織中的員工滿意，進而實現組織在社群和社會上的功能呢？

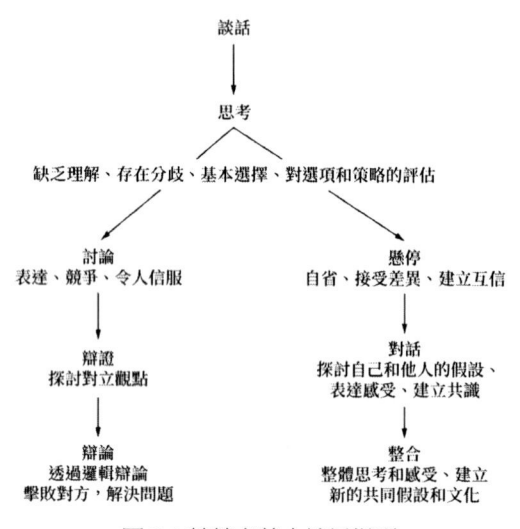

```
                    談話
                     ↓
                    思考
    缺乏理解、存在分歧、基本選擇、對選項和策略的評估
            ↙                           ↘
         討論                           懸停
    表達、競爭、令人信服              自省、接受差異、建立互信
         ↓                              ↓
        辯證                           對話
    探討對立觀點                探討自己和他人的假設、
                                 表達感受、建立共識
         ↓                              ↓
        辯論                           整合
    透過邏輯辯論               整體思考和感受、建立
    擊敗對方、解決問題              新的共同假設和文化
```

圖 2-1 艾薩克基本談話模型

資料來源：埃德加·席恩，《過程諮詢 (III)》，葛嘉、朱翔譯。

2.3　管理的概念與現實意義

前文講了幾個例子，前三個例子有具體的場景，後兩個例子我們選擇讓大家回到自己的組織中去回答，去選擇，去建構自己的場景。

如果透過上述例子替管理下一個定義，筆者嘗試這樣來描述：

管理是人們利用知識在組織中推展的聚焦組織功能的持續改進活動，包括端到端的業務過程、環境與工具、組織中的人類行為（見圖 2-2）。

第 2 章　成熟度視角下的管理

基於上述概念，需要解釋三點：動態性、成熟度、邊界。

如果從一個時間點上看，每個組織都存在以上三類要素，維護這三類要素的運轉屬於基礎管理活動。但我們定義的核心為動態性，即利用知識持續改善這三個領域的活動。

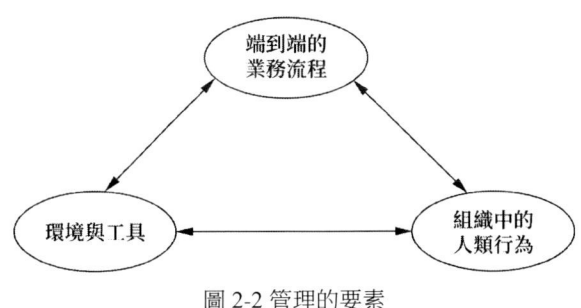

圖 2-2 管理的要素
資料來源：筆者繪製。

第二個是成熟度。一個組織首先要使活動流程化，然後才能基於流程進行改進，才具備持續改善的基礎，否則只是進行了各種行為嘗試。

也就是說，人類活動的行為除了需要環境，還需要流程這個載體。

第三個是邊界。三個領域都有外延，都和其他學科知識有接壤，必然受其影響，但除非將其納入組織中進行實踐，否則只能是其他學科的知識，而非管理學內容。

當我們在如此定義管理的時候，它意味著什麼呢？

第一，知識在不斷地改造工作。疝氣手術的例子就告訴我們，同樣做一件事情，總是能夠找到更好的辦法，這個改進是無窮無盡的，知識本身成為生產資料的一種，知識是可以繁衍、雜交產出新知識的。當我們講知識大爆炸的時候，不是知識爆炸了，而是越來越多的人從事各行各業的知識創造去了，知識成為新的生產資料。不僅每個領域的專門知識越來越多，且交叉影響。也就是說，知識運用到一類職位的工作設計

第一部分　組織與管理

中，它能提高效率，這個職位的人透過不斷練習，就能達到高的水準，進而回饋給工作，重新設計過程。這樣反覆循環，一個小的團隊就可以把這個專業知識無限制地演化下去。

第二，如果知識運用到業務流程上，它就會產生一系列圍繞知識高效利用的機制和工具。例如把測試工作由串聯改為並聯，由人工改為自動。如果我們在決策中更多地希望使用權威決策，那麼你的人才選拔和培養，以及工作方式就要發生徹底的改變，一開始你就要選擇最聰明和謙虛的人，能夠了解事情的本質；同時，業務的複雜度還不能高，因為一旦複雜度高了，決策者無法全面掌握。此外，團隊規模一定不能大。如果你要選擇共識決策的模式，你將如何從一開始就培養員工表達自己的觀點。在觀點不同的時候採用什麼方法達成共識？為了維持這個高效的模式，你的會議和溝通應該如何設計？這個方式如果導致你對市場的反應時間比競爭對手長，你拿什麼來彌補？

第三，提出標準以及在工作中能及時得到關於成果的回饋也可以激發人類改進的欲望，例如第二個醫療例子中的阿普伽新生兒評分表。如果知識運用到組織中的人際互動中，如前面講到的艾薩克基本談話模型，它對你的組織文化衝擊是什麼？我們應該如何重構組織的文化？

第四，這三個領域的第一層次仍是業務過程，它是我們的核心目標，其他兩個領域屬於第二層；但組織中人的積極性被激發了，透過重構人際關係和組織行為，達到對環境和工具、業務流程的重構。如果我們了解組織中的人力資源是流動的，那我們就能明白端到端的業務流程、環境和工具往往是我們在組織中可以依賴的著力點，因為它更容易形成組織的「固定」資產。

從上述的描述來看，管理的出現為我們增加了幾類新的人類行為：

一是基於個體的工作本身開始作為對象被研究、設計以及在全球層面開始傳播,在這以前最好的方式是「師徒制」;二是基於個體工作的研究,進而擴展到整個團隊工作的研究,一方面如何在複雜的業務流程中協同,另一方面如何創造更有利於協同的人和群體的機制;三是在組織中如何打造更有利於工作完成的工具和環境;四是人力資源管理活動被極大地重視起來,以激發組織中的人類行為。

這些轉變對於社會來講其實是重大的,對於組織來講更是生命攸關,所以彼得·杜拉克說組織是社會的器官,管理是組織的器官。一旦管理開始在組織中有效應用,就意味著關係的轉變,意味著不斷爆炸的知識在重構我們的工作和生活,這種狀態是人類不久前剛進入的。這要求我們要從基本的哲學和態度上有清楚的認知,同時也要有工具和方法來應對這一挑戰,組織成熟度為管理主體提供了這樣的視角和方法。

2.4　數位經濟帶來的變化

當今,我們處在數位經濟時代,數位經濟也被認為是當今全球經濟成長的主要動力。它既催生了網際網路龍頭,顛覆了廣告、購物、社交、娛樂等眾多領域,也為眾多組織提供了機會。在數位經濟時代,組織更容易獲得知識與資源,更容易用數位化來改變流程與服務。對外開發市場、管道,提升服務水準,對內提升創新能力等,都出現了前所未有的機會。

數位化原住民一方面越來越多地進入組織,另一方面也日益成為組織的使用者或客戶,他們不再是單純被長輩指導如何工作和生活的一代,而是指導長輩如何使用數位化工具來適應社會的一代。他們對宗族式的制度、組織權威的態度完全改變了,且這種改變越來越多地重塑我

第一部分　組織與管理

們的組織和社會。

　　基於這種改變，無論是在數位化流程重塑上，還是在環境與工具打造上，抑或是在激發數位化原住民的創造力上，組織都面臨著重新審視並重新設計行動的重大機會，是組織人力資本增量創造的新時期。而組織成熟度視角的進化之路為組織、管理主體提供了這樣的選擇。

2.5　管理展望

　　當我們說管理是計劃、領導、控制的時候，管理似乎是一個學科或工具。我們可以學，也可以不學。

　　但如果我們說，管理是我們這個新時代的基本哲學、態度和現實的時候，它便成了關乎每個人的事情。也就是說，你不得不在組織和生活中面對管理，面對這個社會中用知識建構起來的發展加速度。

　　管理百年的歷史還不足以讓人們全面完成這個思想轉變，進而建構基於管理的組織與社會。但在每個組織的領域中，都可以先有星星之火，然後才能在組織中發展成熊熊大火，形成促進社會發展、提升人民福祉的普遍活動。

　　然而，在生產力的發展程序中，數位經濟現實不會為落後的組織刻意留出改進的機會，除非組織從每一個當下做起。下一部分就讓我們去尋找自己組織的進化之路吧。

第二部分　實踐和機制

沒有任何東西在實用方面可與好的理論相媲美。

—— 庫爾特・勒溫（Kurt Lewin）

在第一部分，我們對組織、組織成熟度、基於成熟度視角組織進化之路，以及組織成熟度視角下的管理進行了闡述，主要是理論闡述。但好的理論，必須是實用的，這一部分將會對不同階段的實踐進行詳細的說明，並提供可以參考的案例，方便讀者在自己的組織內實踐。

> 第二部分　實踐和機制

第 3 章　向領袖要生存

3.1　老福特的故事

這一部分，先來看一家公司的例子，美國福特公司早期的故事。亨利‧福特（Henry Ford）是一位非常令人尊敬的美國企業家，福特汽車公司的建立者。他是世界上第一位使用生產線大量生產汽車的人，其生產方式使汽車成為一種大眾產品，不但革新了工業生產方式，且率先數倍提高了工人薪資，開創了每週 40 小時工作制。從歷史上看，說老福特的實踐對現代社會和文化起了重大影響都毫不為過。但彼得‧杜拉克在《彼得‧杜拉克的管理聖經》（The Practice of Management）中把老福特當作一個負面的典型，我們來看其描述。

1920 年代初期，福特公司占有 3 分之 2 的美國汽車市場。15 年後，在第二次世界大戰爆發前，福特的市場占有率卻滑落為 20%。當時福特公司還未上市，沒有公布財務數字。不過同業普遍認為，在那 15 年間，福特公司一直處於虧損狀態。

當埃德塞爾‧福特（Edsel Ford），亨利‧福特唯一的兒子在第二次世界大戰中突然去世時，在汽車工業界所引起的恐慌顯示公司已經接近崩潰。將近 20 年來，在汽車工業界，人們一直在說：「那個老人不可能拖得太久。等吧，等到埃德塞爾接管公司。」然而，他卻去世了，但那個老人仍然活著。這使得汽車工業界不得不面對福特公司的現實狀況。嚴峻的現實使公司繼續生存似乎不大可能，有些人說根本不可能。

為什麼福特公司會陷入如此嚴重的危機呢？我們已經聽過很多老福特治理不當的故事，知道許多不見得正確的恐怖細節。美國管理界也很

熟悉老福特祕密警察式的管理和唯我獨尊的獨裁統治。然而大家不了解的是，這些事情並不只是病態的偏差行為或老糊塗所致，儘管兩者或多或少有些影響。

老福特失敗的根本原因在於，他在經營 10 億美元的龐大事業時，有系統且刻意地排除管理者的角色。他派遣祕密警察監視公司所有主管，每當主管企圖自作主張時，祕密警察就向老福特打小報告。每當主管打算行使他們在管理上的權責時，就會被炒魷魚。而老福特的祕密警察頭子貝內特 (Harry Bennett) 在那段時間扶搖直上，成為公司權力最大的主管。主要原因就是，他完全缺乏管理者所需的經驗和能力，成不了氣候，只能任憑老福特差遣。

從福特汽車公司的早期，就可以看出老福特拒絕讓任何人擔負管理重任的作風。例如，他每隔幾年就將一線領班降級，免得他們自以為了不起，忘了自己的飯碗全拜福特先生所賜。老福特需要技術人員，也願意付高薪聘請技術人員，但是身為公司老闆，「管理」是他獨享的職權。

正如同他在創業之初，就決定不要和任何人分享公司所有權一樣，他顯然也決定不和任何人分享管理權。公司主管全都是他的私人助理，只能聽命行事，絕對不能實際管理。他所有的作風都根源於這個觀念，包括祕密警察，他深恐親情會密謀背叛，很缺乏安全感。

福特汽車的衰敗正是因為缺乏管理者。即使在第二次世界大戰前夕，福特公司跌落谷底的時候，其銷售和服務組織依然十分健全。汽車界認為，即使歷經 15 年的虧損，福特的財力仍然和通用汽車相當，儘管當時福特汽車的銷售額幾乎只比通用汽車高 3 分之 1。但是，福特公司中沒有幾個管理者（除了業務部門），大多數人才不是被開除，就是早已離開；美國在歷經 10 年的經濟蕭條後，第二次世界大戰開創了大量的就業

> 第二部分　實踐和機制

機會，也吸引了大批福特主管另謀他就。少數留下來的主管多半都是因為不夠優秀，找不到其他工作機會。幾年後，當福特公司重整旗鼓時，這群「老臣」大都無法勝任中高層管理的工作了。

彼得・杜拉克從多方面分析了老福特違反管理原則的行為，雖然這樣的事情過了 100 年，但對今天的組織領袖們仍有深刻的教育意義。是老福特帶領公司走向輝煌，也是他帶領公司走向沒落。「成也蕭何，敗也蕭何」。公司的興旺發達繫一人之判斷，在其專業的領域內，固然有卓越之貢獻，在以集體智慧應對社會變化上，老福特顯然沒有跟上時代的步伐。吸取經驗的亨利・福特二世帶領公司走出谷底。

3.2　等級 1 的組織

我們之所以舉亨利・福特這個例子，是因為老福特的例子非常典型。一個組織或許開始於一個專案，一個新的時代契機。在組織的開始，除了抓住外部機會外，在內部首先要培養的是組織領袖，沒有一個合格的組織領袖，組織這個飄搖的「船」就無法同舟共濟。所以從組織人力資源視角來看，這個時候人力資本累積存在於老闆一個人的頭腦中。

如果我們拿一個人的學習過程來比喻，這個時候組織是嚴重偏科的，是以組織領袖的判斷為標準的。這就導致隨著組織的擴大，涉及的專業知識越來越多，組織無法發揮更多專業知識的作用，出現大量知識工作者完全聽命於組織領袖、服從權力的狀況。一旦這樣的狀況出現，協調本身就變成了一個人「拍板」的情形，組織領袖成為組織其他人員發展的障礙，也成為組織能力發展的障礙。即使組織由於社會的需求快速發展，組織中人的發展也會遠遠落後於業務需求。當組織需要更多的人承擔責任，需要在市場競爭中發揮優勢，適應變化，實施創新的時候，

卻發現組織的這些願望都無法得到很好的實施，只有「形似」其他組織的方案，無法成功落實。

等級 1 組織的存在非常廣泛，形式也豐富多彩，筆者稱之為隨機發生。在人力資源管理方面，它缺少明確的、成體系的規則，很多時候都是根據組織領袖的個人判斷在具體場景下來做裁決。其中也有經濟績效出色的，甚至為社群做出了重大貢獻的組織，例如老福特治下的福特汽車。

雖然筆者認為等級 1 的組織需要改進，但也不能倉促為之，這既需要社會治理的提醒和要求，也需要指出變革之路，同時要考慮到，即使是等級 1 的組織，它也為社會和社區做出了貢獻，是很多人賴以生存的環境。在某些情況下，正是這些個體的固執，甚至偏執開創了組織或者組織的新階段，但我們不能因為這個而忽視社會對組織器官功能的要求。

3.3　行動起來

如果你是一個組織、團隊的負責人，這一個等級的描述會引發你的反思。你是不是這樣的人呢？如果是，這個狀態符合你組織、團隊當前的要求嗎？如果需要改變，你能做什麼呢？

首先要明白，一個人能了解到自己的不足，才是進步的起點。曾子說「三省吾身」，無論想在哪個領域獲得進步，自我覺察都是可以採取的方法。如果內省和反思還不夠，你要能夠找到可以對你提出批評意見的人，或者是你尊敬的長輩，或者是你認為專業度很高的朋友。最後你也可以求助於專業的測評工具和專業教練。組織、團隊領導人的認知決定著組織和團隊的上限，因此一個善於內省和自我覺察，善於帶領組織推

第二部分　實踐和機制

展內省和自我覺察活動的領導人是值得敬佩的。

如果你不是這樣的人，那麼想想你是如何從這樣的狀態中出來的？這個經歷應該成為你從組織、團隊中萃取的案例，你可以觀察在你的組織、團隊中還有誰和你處於同樣的狀態，幫助他從這樣的狀態中走出來。

如果你是一名HR或諮詢顧問，面對這樣的業務負責人，你可能要十分慎重地採取策略，是首先謹慎地獲得信任還是採取強勢一些的態度？但無論如何，要讓業務負責人從外部學習或者從內部實踐中嘗到甜頭，這樣改變才能開始。

業務部門負責人會嘗到哪些甜頭呢？我們將在接下來幾章的各個等級中依次看到。

第 4 章　向人才要績效

4.1　網飛公司的人才管理實踐

美國網飛公司（Netflix，以下簡稱網飛）成立於 1997 年，是一家全球知名的，會員訂閱制串流媒體播放平臺，總部位於美國加州洛斯加托斯。

2001 年春，網路經濟的第一個泡沫破裂了，大量的網路公司破產倒閉，所有的風投公司也停止了投資。此時的網飛雖然只有 100 多人，但也變得捉襟見肘，難以維持正常的運轉了，作為一個創業 4 年的公司，盈利更是遙不可及，辦公室裡人人垂頭喪氣，士氣低沉。

公司的創始人兼執行長（Chief Executive Officer，CEO）和人力資源總監一起考量了每個員工對於公司的價值。他們把員工分為兩組：

繼續僱用表現更為優異的 80 名員工，而其餘 40 名相對遜色的員工將不得不離開。毫無疑問，這樣的事情對所有的公司來講都是一個艱難決策。從員工評估層面來看，許多人都在某一方面表現很好，有人與同事相處極好，配合很有默契，但工作能力一般；有的人是工作狂，但缺乏判斷力，需要有人引導；有的人天資聰慧，行動力也很強，但總是牢騷不斷，容易產生悲觀情緒。如何從這些人中評估出要離開的員工呢？從團隊的層面考慮，裁員往往會導致整體的士氣低落，留下的人也會對公司產生懷疑，認為公司對員工不管不顧，沒有人情味；同時留下的人工作量會變大，這會不會讓留下的人更痛苦呢？

雖然有眾多疑問，網飛還是按照評估的結果進行了裁員活動。出乎意料的是，留下的員工並沒有士氣低落。2002 年初，網飛的 DVD 郵寄訂閱業務再次迅速成長，留下的 80 名員工士氣高漲地完成了工作。員工

第二部分　實踐和機制

的工作時間延長了，但所有人都熱情滿滿。

網飛從這個經驗中吸取了教訓，提出了「人才密度」概念，提出了基於網飛文化的一系列人才實踐，如「為未來組建團隊」、「不是相配而是高度相配」、「公司內部建立一家獵頭機構」、「讓每個人了解公司的業務雙向溝通至關重要」、「打造盡可能簡潔的流程和強大的紀律文化」、「用人經理是首席徵才人員」、「面試的重要性高於任何會議」、「上級和同事的坦誠回饋」、「按員工的價值付薪」等，成為世界眾多組織學習的對象，Facebook營運長雪莉兒．桑德伯格（Sheryl Sandberg）更是將《網飛文化手冊》稱作「矽谷最重要的文件」。

回顧網飛成功的歷史，它在抓住商業機會的風口浪尖狠狠地吃了把人才紅利，在高科技組織如雲的矽谷，完成人才管理的逆襲。當我們認真總結網飛經驗時，網飛的人力資源總監認為這是開創了一種文化，而網飛的創始人認為這是一個循環，先是提高人才密度，然後完全透明，最低管控。從人力資源的角度來看，筆者認為他們抓住了人才和績效兩個關鍵詞。

有人認為網飛案例是網路組織的特例，一般組織不適合。但筆者認為網飛只不過是創造了其所在場景下的實踐方式。從第二次工業革命開始，組織實踐中已經發現人才配置對績效有明顯的影響，這是由於徵才成功率不可能達到100%，因此組織要定期考量人和績效預期是否相符合的情況。林肯電氣採用的方法是平均每75名應徵者只有1名被錄用，且一半的新入職者會在90天內離職（透過試用期篩選）；奇異的做法是有名的「微笑曲線」，10%的員工淘汰。無論如何，組織總會在一個時間點去考慮在徵才失敗的情況下，人員應該如何有效地去配置，以使得組織內部的人和期望的績效是一致的。

4.2　人才招募與配置

　　這一部分重點講人才的招募與配置，共分四個話題，第一，從校園招募大學生說起，因為這是每年最大的勞動力來源，是各類組織人才補充的有效途徑，另外大學生在一個組織中開始職業化便是每個組織人力資本管理的開始；第二，我們來說一般徵才，雖然每個組織都想從一般徵才中分得一杯羹，但在這個競爭中有正確的認知才是獲勝的關鍵；第三，我們會講選拔人才最重要的環節——面試；第四，講用人才盤點來做好人才配置。前三個主要是講人才的來源和篩選，第四個主要講配置，篩選和定期的人才配置活動相結合，挑戰期望的績效，是等級 2 組織的主要判定點，也是在等級 1 向領袖要生存基礎上的一個升級版。組織中有望產出績效的員工數量會大大增加。在管理過程中，這是雙向、自主和賦予責任的過程，而非一廂情願的「送作堆」。基於持續有效的管理過程，組織中會湧現出越來越多的管理者和業務專家。

4.2.1　校園徵才的案例與啟示

　　最近這幾年，在校園徵才市場上比較博眼球的，應該是儲備幹部計畫。儲備幹部計畫也陸續培養了副總裁（Vice President，VP）級幹部。請閱讀下面的案例：

　　D 公司是規模較大的企業，其儲備幹部計畫在業內也有一定的名氣。這個企業非常喜歡儲備幹部，加之有錢，他們校園徵才和後續工作安排應該說也是很好的。前兩年他們把一個 30 歲左右的年輕人（曾以儲備幹部身分入職，並擔任老闆祕書）安排到了副總裁的位置，這在組織中算是非常勇敢的了！那這位副總裁的業績和員工回饋如何呢？向上缺乏管理與創新，向下缺乏有效引導，對外發出幾篇宣傳自己已經是副總裁

第二部分　實踐和機制

的稿子，說一說儲備幹部體系的好處，事情也就到此為止了。從旁觀者的角度來想，我們還能要求這位年輕人什麼呢？這位年輕人是從老闆祕書開始做的，因為深得信任，所以被放到了這家超大規模組織的副總裁位置，她沒有接受過任何專業的歷練，也沒有經歷過組織能力建構的薰陶，更不用說精深的專業沉澱，我們還能期望這位年輕人做到什麼呢？從這個任命開始，大家就知道，這家組織是以關係、聽話為原則的，於是一個組織文化上爭相取寵或彼此躺平的狀態就開始了。能得到老闆垂青的當然好，不能得到老闆垂青的就會關注自己的專業，不願意再花過多的精力去做什麼創新和突破了，沒有必要再去關注客戶了，主管基本滿意已經是很高的標準了。顯然這個組織的沒落不過是時間早晚問題。

還是 D 公司。我們看看另外一位儲備幹部人員：畢業於頂尖名校。筆者接觸到他時，他已經離開自己以儲備幹部身分入職的組織，成為另一家組織中的高階主管。筆者和他一塊開過幾次會，從邏輯上看，他在會上的表現很優秀。但事後業務部門的回饋以及後來和他的實際接觸對筆者觸動很大，他特別喜歡會議，把會議當作表演舞臺，把討好上級作為一個重要的目標；對別人的要求很多，指點江山，激揚文字，說得邏輯性很強，頭頭是道；他不知道，也不了解自己的價值是什麼，不願意深入實際去做一件事。當別的部門向他提出合理的要求時，他置若罔聞，顧左右而言他。應該說這個人的智商、自制力、工作履歷都很優秀，但向他要工作成果時，卻很難得到結果。追究他這種職場行為模式形成的原因，和他一進入職場就是儲備幹部的經歷有關。D 公司重視儲備幹部人員，但缺少培養儲備幹部人員的實踐行為，因為這家組織也不怎麼做科學研究，沒有深入科學研究的機會，也不做深入客戶行銷，為這些年輕學子提供的實踐機會太少了。企業屬於在風口成長起來的，所

以儲備幹部多是在旁邊遠遠觀看業務發展的過程，形成了後來不知道如何落實的職業習慣。

單純從職位上來看，以上兩位應該算是成功的儲備幹部，雖然業務貢獻在他們這種行為模式下暫時不可能大了（除非自己願意深入一個專業領域重新開始）。還有大量的儲備幹部遠不如他們，下面講另外一家組織的例子。

筆者接觸這個儲備幹部人員的時候他已經在銷售、產品兩個職位上各工作半年了，負責儲備幹部計畫的人對他的評價是不符合組織要求，要與他「解除勞動合約」，由於組織內部的一位主管曾經面試過他，覺得很可惜，所以希望筆者和他談一下。這個孩子的履歷確實好，有最頂尖大學的學習經歷，雖然科系稍微偏門一點，但學歷確實很優秀。他個人的意願是做產品經理，可惜的是他對產品沒有什麼了解，也沒有產品經理願意帶他，因為別人知道這是儲備幹部，帶他不知道會有什麼結果，也許帶兩年出來了就調走了，不如培養願意踏實工作的人，去業務部門也是如此。就這樣一年過去了，非儲備幹部人員已經能夠在某些具體的業務活動上獨當一面了，他還在組織中「遊蕩」。後來我問他願不願意真正接觸一線的工作？他表示願意，於是替他調動了職位，找了好的導師，讓他一步一步來，大概過了半年，這個年輕人就表現出異於常人的優勢，他自己也非常高興，後來成為這家組織中幾個儲備幹部中唯一留下來的人。

和第一個組織中大量儲備幹部透過務虛觀察業務來成長不同，這家組織的儲備幹部其實遭受到了組織中的不公平待遇，儲備幹部對於他們來說是一個光環，對於組織中的其他人來說意味著你對我暫時沒有什麼用，這兩類情況都很常見，是儲備幹部計畫失敗的常見原因。

第二部分　實踐和機制

每個組織領袖和 HR 一號位都應該想清楚，如果是自己的孩子，願意讓他（她）去從事你主導的培養計畫嗎？如果答案是肯定的，那你組織中的計畫值得肯定；如果你開始猶豫，建議你修改一下實際的培養方案。

這些經歷促使我們考慮，招募大學畢業學子到組織中來，到底是為了什麼？組織應該承擔什麼樣的責任？如果弄不清目的，什麼方案都是錯的！通俗來說，校園徵才是為了補充廉價勞動力（雖然有些人並不廉價），但長遠來看，校園徵才是讓組織和社會不脫節，因為年輕人加入了。但無論如何，讓這些孩子進來做什麼呢？是要在最基礎的職位，做最基礎的研發、客戶開發、精益管理，當然有一部分人會很快脫穎而出，那就另行安排。讓年輕英雄們真正「上山（勇攀科技高峰）下海（密切接觸客戶）」，才是對他們真正的尊重，「山」「海」才是他們真正成長的舞臺。如果一個計畫和領域不適合，我們就換一個看看，如果一個組織沒有融入好，那就認真篩選下一個。

再深一個層次去思考，為什麼組織如此重視儲備幹部呢？因為浮躁，因為不明所以！學校是以智力和自制力取勝的地方，組織是以績效和連結力取勝的地方，這是兩個不同的邏輯。凡是還沒有想清楚這一層的組織，都是在為自己樹碑立傳，凡是想清楚了這些的組織都在鼓勵年輕人們在廣闊的市場和創新中乘風破浪。

說到這裡再舉一個例子，日本當代管理學家大前研一當年被招募進入麥肯錫的情況。大前研一是麻省理工學院核子工程系畢業的博士，應該說進入管理顧問行業並不對口，那他是如何進入麥肯錫的呢？是由於麥肯錫特殊的決策方式！在三個面試官中如果有一個人鼎力推薦，那麼這個候選人就有進入組織的資格。最後大前研一不負這位面試官的期望，成為麥肯錫日本分公司的總經理。我們不少人看到這個例子不禁會想，這多有利

第 4 章　向人才要績效

於我們走後門呀！這就要求組織對面試官的長期績效進行追蹤和覆核，要求組織在人才配置決策方面設定類似亞馬遜「抬槓者」之類的角色。

這個例子是想告訴大家管理顧問的公司是如何做徵才決策的，特別是在校園徵才過程中，想看清楚是很難的。要相信「實踐是檢驗真理的唯一標準」，要讓樂意接受這樣挑戰的年輕人獲得這樣的機會，關心其融入、培養和激勵，讓他們走上對社會、對組織有用的成長之路。同時也要相信，你的組織中存在這樣的伯樂，把這些伯樂找出來委以重任。對於大學來說，與社會上的其他組織互動，做到學有所用，用得上，用得好，建立優良的價值觀，是在教育過程中需要持續改進和堅守的。

做校園徵才的組織都是相對比較優秀的組織，這些組織只有根據大學生的科系、興趣、特長找到符合他們的領域，才是一個值得的、合適的管理策略，是一個組織連結社會人力資本管理的重要節點。

4.2.2　一般徵才實踐中的常見問題與解法

你有沒有見過一種現象：徵才網站上經常有一些高階職位需求，這些需求在招募過程中幾年不變，且大部分情況下這些職位只需要一個人。有人說這是組織在打廣告（或許有些廣告效用），但實際情況是不少組織都存在這樣的情況 —— 高階人才招募難。

幾乎所有組織都陷入了高階人才荒，有招募不到的，有用不好、用不久的。本小節我們就來講這個領域的情況。

4.2.2.1　徵才流程執行常見問題

徵才的第一個常見問題是徵才需求不清楚。大家說徵才怎麼會有需求不清楚的呢？現實中存在兩種情況：第一種情況是不知道如何描述，

第二部分　實踐和機制

缺少描述過程；第二種情況是之前組織中沒有這樣的職位。其中第一種更常見。

很多人表示詫異，說如何就描述不清楚呢？我們來看看徵才常用的職位描述（Job Description，JD）是如何形成的。筆者首先去問了一個超大金融保險組織的管理人員，他說這很簡單呀，上網搜一下，去徵才網站看一下，形成一個JD還不容易嗎？我說你能不能示範一下。他很快透過搜尋就把自己經常招募的一個職位寫好了，有些還是抄他們兄弟部門的作業。其次，筆者觀察了幾個HR的做法，他們將之前的JD按照自己的理解修訂一下就發表出去了。這兩種情況都很常見，我稱之為姜太公釣魚式的徵才法——願者上鉤。

如何才能不跳進這個坑呢？這就要回答第一個問題：招募這個人是來做什麼事情？解決什麼問題？這個問題其實是定義一個人的職責邊界，以及行使職責內工作所需要的工作方法、技能和知識。這個問題不清楚，招募到正確的人就無從談起。例如大客戶銷售和通路銷售，都是銷售人員，但要求具備的能力截然不同；同是大客戶銷售，面對網路大客戶和面對政府客戶需求又不一樣。但是組織中銷售的管控規則和流程往往都一樣，在這些限制條件下，履行職責的任務是如何完成的？而這些內容幾乎沒有被現在的組織識別，導致剛開始的幾個面試都對不上，於是就不知道如何來完成這個招募，這也就導致了我們看到的長期招、招不到的尷尬局面。

在現實中，無論是每年能為獵頭公司賺數百萬元獵頭費的獵頭顧問，還是組織內部的獵聘高手，都對這個問題有自己的見解。但我卻很少見到有組織將這個方法顯性化賦予所有招募人員的，而這個工作的總結和推廣，將會使組織的招募能力上一個新臺階。

第二個問題是徵才中的回饋與修正活動不夠。如果一個職位沒有合適的候選人，負責招募的 HR 應該如何與業務部門溝通呢？往往是推遲溝通，或者直接說這樣的人找不到。但很少有人會說目前線上的資源有多少，線下的資源有多少，開發了哪些組織，從目前來看我們的期望和市場之間的差距是什麼，以及我們應該如何調整。如果在組織中能夠順利地進行徵才活動，並根據回饋進行修正，我相信在高階徵才上效果至少會提升一倍。筆者遇見過一個高級別招募者，她在回饋前會給出三個自己推薦的履歷，等業務部門看完之後，她會把對這三個人的評價和市場上的回饋一併告知，這既可讓業務部門知道你能找到並深挖了相關的人才，同時還可對下一步的徵才工作進行調整。

第三個問題是急於求成。這裡是指對招募到職的高階人才急於求成。即當一個專家或一個管理者到職時，希望他能迅速地解決組織當前的問題。確實有入職 1 個月內就解決組織的技術和工作方法問題的情況，但這樣的機率很低，往往不足 5%。大部分人需要有在組織內部落實的輔助，有的組織用導師制，有的管理者特地花時間來解決這個問題，這都是好的方式。最近社會上有組織公開提出「我們不培養人，我們只招最好的人」，實際上，每項業務都是在培養人，不培養人是不可能的；另外，這樣的口號極度不負責任，如果一個國家的組織都不培養人，人力資本增值如何才能實現？喊出這樣口號的組織的人力資源管理水準值得懷疑，其組織內的員工也會極力反對，最後自己會付出輕狂的代價。

在人才招募與配置流程方面列出了以上 3 個問題。下面我們嘗試說說流程外的問題。

4.2.2.2 徵才流程外的不足

流程外的第一個問題是地域限制，主要城市的人相對好招募；其他城市的人似乎就更難一些。地域限制是我們在徵才過程中常見的說辭。要解決這個問題，筆者常用的解決路徑有四個：第一，如果主要城市的資源都是從全國各地聚集起來的，那麼一定會有回流，找到回流就找到了來源；第二，如果有你認為的全國性優秀組織，那麼這些優秀組織在你所在的地域一定有優秀人員，找到這些人也是很好的，有時候所謂的隔行如隔山不過是組織的自我設限；第三就是有沒有一些當地的組織曾在某一個時期發展特別好，那個時期的人就是我們需要的，這個方式往往也能奏效；第四就是抓住主要需求的能力，放棄一些執著的項目，例如學歷、大型公司經驗、年齡等。

流程外的第二個問題是需求部門不重視招募。很多組織的業務部門都認為招募是 HR 的事情，自己對招募並不積極（當然也有認為招募就是業務部門的主要工作）。這種問題尤其難解，從組織的角度來看，應該樹立在人員招募方面的典範部門，應該讓這些受益部門出來發聲影響更多的業務部門。但這個問題無法透過招募本身解決，如果招募人是一個核心問題，把他作為一個共同擔當的指標給業務管理者，或者安排專人幫業務部門負責人，都是可以考慮的方法。

第三個問題是組織對人才培養投入不足。大部分情況下招募缺少明確人才培養機制的後果。我們看一些成長起來的組織，沒有一家不重用大學生的，有的還用得非常好。為什麼有的組織用大學生就能培養出公司整個系統需要的人才；而有的公司應徵了所有專業的人才卻培養不出來組織的人才能力和業務能力呢？這就是培養機制的差別！大學生之所以好培養，是因為他們在工作上是一張白紙；有經驗的人之所以難培

養，是因為他已經形成了自己的工作方法和習慣，納入組織的大流程中成為一項能力，需要每個組織有剪裁、培養和引導的能力。這個能力的建設在組織中還遠遠不夠，是當前人力資源增值活動少、效果差的主要原因。

如果組織能夠按照「人──流程──工具的分析和改進」的邏輯來指導人員招募和配置工作，那麼可以預計無論是一般徵才還是校園徵才，效果將大大改善。同時，招募人員的能力也能得到提升。作為配套措施，如果組織在人才培養機制上理念方法得當，並且和具體的場景進行系統結合，潛下心來深入研究和定義問題，組織人才供給問題就能夠得到有效緩解，從而人才團隊建設就能夠得到改善，而不是寄望於「外來和尚」解決問題。

4.2.3　正確了解面試選拔

上一節講招募，招募中重要的選拔方法是面試。本節就面試和選拔這個話題進行闡述。首先來講面試的案例和研究，接著說面試在選拔中的作用和地位。

奇異的傳奇 CEO 傑克・威爾許曾說，自己花了 30 年時間，才把人才識別率從 50% 提高到 80%。對照我們自己，可以統計一下自己為組織面試的人，按照你心中的 S、A、B、C、D 五個等級來評價，S 和 A 能占到多少？

威爾許和我們自己都屬於個體的例子，那麼酷愛面試的組織，他們的成績怎麼樣呢？我們來看看 Google 的研究，如圖 4-1 所示。

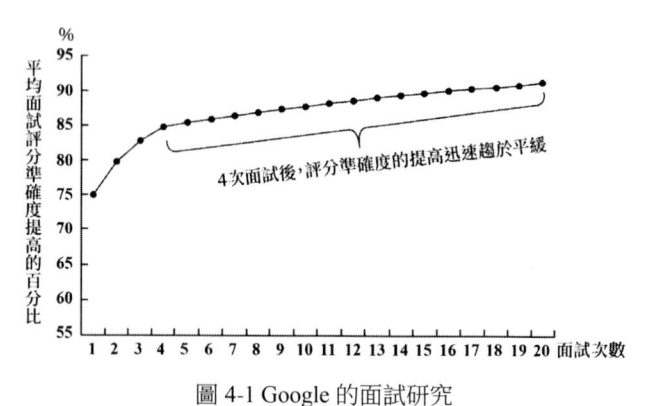

第二部分　實踐和機制

圖 4-1 Google 的面試研究
資料來源：筆者根據 Google 資料繪製。

也就是說，如果只有 1 輪面試，他們認為面試評分的準確度不到 75%，2 輪面試能到 80%，到 4 輪面試以後，其實再增加的意義並不大。也就是說按照 Google 組織面試的水準，進行 4 輪面試，能通過面試達到職位要求的比例是 85%。

以上兩個例子是國外的。筆者曾經在組織中就小範圍的專家徵才做過專項的結果研究，在年末就上半年招募的高級別職位由其上級進行評價，結果如圖 4-2 所示。

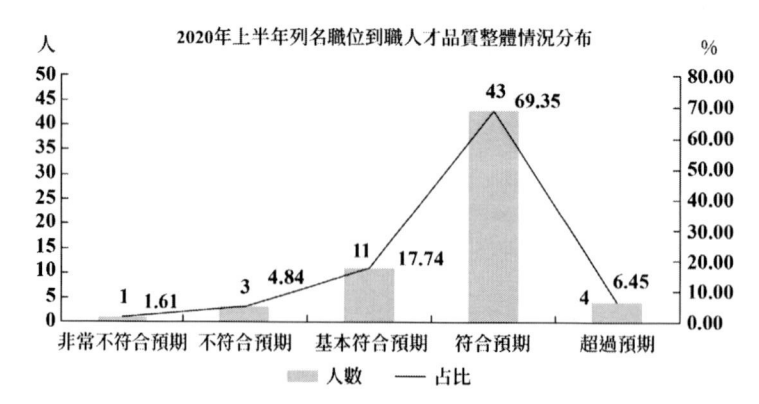

圖 4-2 高階人才招募品質調查資料
資料來源：筆者繪製。

第 4 章　向人才要績效

　　也就是說，即使組織花了很大的精力在專家職位的招募上，到年底來看，成功率剛過 75%，一般職位的招募成功率就更差了。

　　那為什麼組織仍然使用這樣的方式來篩選人才呢？一是因為有好的案例，比如，大衛·E. 佩里（David E. Perry）是佩里──馬特爾國際公司管理合夥人，擁有長達 30 年的頂尖人才招募經驗，經手的招募項目成功率高達 99.97%，涉及金額超 3 億美元。所以我們相信組織中的專家可以做到這樣的成功率，幫組織建立高人才密度！佩里確實是一個標竿，但在組織中甚至在行業中這樣的人是鳳毛麟角的。

　　於是乎在這樣的情況下，組織的人才選拔進入了困境。除了網飛的舉措，對於當今的人力資源市場，應如何扭轉局勢呢？

　　首先要改變認知。人是複雜的，很難透過幾次面試、筆試來百分之百選擇出正確的人。真正能夠有效篩選人的辦法是在試用期再進行觀察。我們認為組織應該設定 6 個月的「新人」試用期，這樣能很清楚地看到招募的新人是否合適。這就要求組織在試用期通過的這個環節加大考察力度，設定「抬槓者」、「異議者」。必須有角色被明確出來，幫助組織在這個節點擠掉招募中的水分，如果這個關口掌握好，那麼組織的高人才密度就能夠建立起來。

　　有的組織會講 6 個月辨識不出來，如校園徵才、某些較長商業週期的職位。那也沒有關係，就按照定期的人才盤點來判斷。但無論如何，透過對入口、出口、內部調節三個方式的應用，達到組織內人和績效的相配才是關鍵。

　　其次，組織應該清楚，面試與其說是為組織選拔人才，不如說是為組織培養面試官。面試官正是在頻繁的面試中建立行業認知並和行業保持關聯的，把這一點作為對管理者，特別是對高階管理者的要求至關重要。

第二部分　實踐和機制

最後，筆者想說的是，組織和人才是一個雙向選擇的過程，在一個組織中不合適不意味著在其他組織中也不合適。好的社會治理環境、嚴格選拔人和培養人的組織環境和正能量的知識工作者、體力勞動者都是社會所需要的。

4.2.4　做好人才融入

人才招募產生任用決策之後，要關注的是人才要融入新的環境中去，沒有融入，就難言其他。有人說你這個說法針對的是招募吧？不適用於內部人才！我想說的是凡是用人決策之後，都存在融入新環境的需求，這個時候正是組織和他們加強連結的時候。

如果是在組織內部有豐富經驗的人，一定要講清楚為什麼提拔他、希望他做什麼，達到什麼標準，問清楚資源需求，以及在這個策略專案執行過程中與上級的溝通回饋機制和週期，哪些任務和指標是我們在這個過程中尤應關注的。能清楚新職位的職位價值、貢獻對應的主要任務、主要衡量指標以及實現這些任務和指標的方式，再加上平常的對齊和輔導，這個策略專案大機率是可以成功的。

如果是外部的人，在內部人員工作標準的基礎上，還要增加「人才就位」的輔助項目。配備導師也好，工作搭檔也好，要幫助新加入組織的管理者和專家能夠相對順利地了解情況，向利益相關人說明情況，了解組織已有的變革方式，進而能為策略任務的設計和執行落實進行重構性設計。其直屬上級這個時候也要花時間與其進行交流和學習，因為組織內部之前沒有這類優秀的人才，必須了解他們的專業性和特性，才能掌握好其產出的範圍和品質。

如果是新畢業生和工作經驗不豐富的人，要關注內部工作任務執行

的培養。目前在這方面，我們是相對缺少的，不如一些先進國家在標準化方面的案例多，但也不要灰心，你只要做幾輪比賽，做一些萃取和設計，這些工作材料還是能夠很好利用的。

最後說一下數位化支援。無論是入職時組織內部的辦公設備配備、入職接待，還是員工輔導的紀錄，有數位化系統的支援會更加有利於我們加強和人才的連結、提高效率，有利於從行為層面判斷人才。

4.2.5 透過人才盤點來評估和配置人才

人才盤點，既可以看作是對人力資源狀況在當前時間點的評估，也可以看作是對未來人力資源在關鍵事件上的安排，有時候我們還會連帶著對組織的環境和組織能力進行評估和安排。這個部分從三個方面加以闡述。

4.2.5.1 對當前的人力資源狀況進行評估

我們當前的人力資源團隊在前一個階段表現得如何，如何進行評價，如何在組織中達成一致是組織經常遇到的問題，其中的重點是評價。

在人才盤點中，最重要的工具是九宮格：一個維度是績效；一個維度是潛力，或者叫潛能。目前市面上有一些簡單，甚至不入眼的描述進入了組織的實踐中，例如績效維度分為高績效、中績效、低績效；潛能分為高潛能、中潛能和低潛能。然而，這樣的描述在實際中並不妥。有誰認為自己是個低潛能的人呢？僅用績效的高低評價也不能說明什麼，應該去比較是否達到了我們的預期。如果是一個有序或者注重管理的組織，可以按照績效之高於預期、符合預期、低於預期，潛能之應重點培

第二部分　實踐和機制

養提拔、應擴展職責、應聚焦做好當前工作的標準對員工進行分類。

首先，說一下我們為什麼要評估績效。因為員工績效本身是一個不斷演進的過程。我們舉個大家都明白的例子，以某即時通訊軟體來說，剛開始他們團隊的目標就是開發出通訊軟體，這個過程一是要快，二是要求在幾個競爭的團隊中獲勝。這個時候向團隊分解目標，這兩個限制因素是非常明顯的。當通訊軟體進入推廣期，業務要求又以快速疊代為主要特點；待它已經成熟的時候，更多考慮的是安全和商業模式。雖然我們不知道團隊中每個人的績效目標是什麼，但我們可以看出團隊對每個人在每一個階段中的表現、貢獻要求是不同的！當然可以從上一個階段表現中來預測下一個階段的績效表現，每個人的優勢應該如何發揮等內容。因此，評價階段貢獻正是我們人才盤點要出的第一個主要成果。

客觀地評價貢獻只是第一步。對於這些人的貢獻，可以向下延伸兩點：第一，這個人成功的因素是什麼？這個問題未必能回答正確，但是客觀地回答這個問題，並向上級或者客戶對齊，是一個重要的步驟，一方面能幫助我們持續用人所長，避其所短；另一方面對於我們幫助其他人，建立更好的組織氛圍，提升能力和實踐有一定的參考價值。第二，我們可以從這個人的成功故事中，讓類似職位的人學習組織場景下的技能。這是內部成功故事的萃取，案例未必會有很多，但一旦在人才盤點過程中，一個事例被 2～3 個層級的管理者認可並萃取推廣，它在組織中的作用是強大的。無論對於被萃取的個體，還是對於其他人的學習。這兩個「延伸」被大部分組織忽略了。

其次，我們說說誰應該參加盤點過程，有時盤點是管理人員的主觀判斷。但無論如何，讓被盤點的員工參加這些盤點，之後由主管來判斷，並在某一個合適的時機組織專門彙報是合適的。無論從儀式感還是

第 4 章　向人才要績效

從收集足夠資訊的角度，都是合適的。但筆者不贊成在這個過程中實行360度評估，一是員工都在盤點過程中，都知道這是一個評價過程，此時實行360度評估會造成組織內部的相互「行賄」，形成不實事求是的組織文化，還容易「抱團取暖」，弊端遠遠大於利益；二是觀察你聘用的管理者能否做到對下屬的客觀評價，這正是你發現他團隊管理能力的時機。

最後，盤點後的結果要不要回饋。如果是一個評價結果，大家都知道肯定要回饋。但當前最重要的是受GE強制分布的影響，組織都會給員工一個A、B、C、D之類的等級。這是一個誤解，也是當前人才盤點在組織中難以發揮應有作用的原因，某種程度上還造成了分裂。我的建議是：把優點和希望改進的點告知員工即可，沒有必要公布一個等級。但可以把等級作為一個組織存檔的材料。我之所以如此建議，有以下幾個原因：我們的目的是要讓員工知道自己的優勢以及要提高的點，不是確認其是一個平凡人的事實，如果這個時候還用評出優秀的人去刺激他，不利於下一步的排兵布陣，不能讓大家齊心協力地去為新的目標努力。有的人會問，沒有最差等級，我如何淘汰人？如果你認為是要用這個等級去淘汰人，也可以把等級告訴員工。但無論如何你要知道目的是人與期望績效的相配，一切行為圍繞這個目的展開。當然我們也需要去樹立典型，去表揚人，在這個時候表揚，我們就能更多地做到「既表揚事，也表揚人」。

文化行為和文化符合度要不要在盤點過程中納入進來，我的判斷標準有二：一是你會不會在這個過程中提取優秀的案例，如果會，週期也符合，我認為可以納入；二是會不會在組織層次更新我們的一些經營原則、行為描述以符合實際和新的策略業務，如果會，我也同意納入。如果沒有以上兩點，只是填寫一遍，那就是形式主義了。

第二部分　實踐和機制

4.2.5.2　基於策略進行人員的排兵布陣

每個人都有自己的職位，還要在策略確定之後進行排兵布陣，這不是多此一舉嗎？顯然事實和我們想的不同，原因有二：一是基層主管往往不太具備排兵布陣的能力，需要有人去輔導；二是對策略任務的認知要達成一致，首先要在重要工作任務分配和要達成的目標上達成一致。正是由於這個一致性的要求，我們才要在策略確定之後，用人才盤點的方式去實現排兵布陣。

排兵布陣的第一步是確定為了完成策略目標，有哪些是我們重點去做的任務，是核心任務，是必贏之戰。這一步的識別，其實就是策略在具體業務部門的解碼，這個解碼是從業務部門視角來看的，是落實的視角，是組織後續運作的依據。因此，凡是有策略規畫的部門都應該有策略解碼的過程，識別什麼是必贏之戰。

有戰役才需要有將軍。這個時候選擇將軍，要看任務的需求，要看我們待選的將軍們在上一個戰役時期，甚至前幾個戰役中表現出來的特點是什麼。要解答為什麼在這個戰役中這個將軍是最合適的，一般情況下還要看看備選的 1～2 個。看完將軍之後看團隊配置，看需要配置的資源，這樣我們的必贏之戰就實現了在人力資源配置上的滿足。

這個配置在實作上的滿足，既有現有員工的意願，也有管理者的引導，還有外部資源的支持，才能夠最終實現，而排兵布陣的過程讓我們看清楚了這一點。

對過去盤點用九宮格，對未來進行人員安排是不是也可以？當然是可以的。這個時候沒有績效，可以把對待新任務的態度作為一個維度，把勝任力相配度作為另外一個維度，看組織的具體需求。總之，對未來的安排要保障三點：員工知道要做什麼，有執行任務的能力及意願。

透過排兵布陣，策略和業務的執行才能得到最大限度的支撐，才能把現有的資源效用最大化，才能看清楚對內的管理策略和發展動作，才能看清楚對人力資源市場的其他重要需求是什麼，才能從組織的最高層管理者開始自上而下地對抗組織的惰性。

4.2.5.3　對改善組織能力和環境的評估

每個組織管理能力的改善都不是一蹴而就的，人員管理的能力尤其如此，必須有日拱一卒的意志和方法。既然在前面有提煉案例的過程，不妨把這個過程改為設計的過程。例如今年我們就做績效目標的制定，看全組織中哪個管理者的方式最好，我們來比賽一下；明年我們就做績效回饋，看誰對員工的回饋最好，也來 PK 看看，這樣回饋的能力就得到鍛鍊了。不僅人員管理能力，核心流程的能力也可以拿來練習，例如什麼樣的業務洞察最準確，什麼樣的創新方式最實用，在贏下「必贏之戰」的同時，如何磨練組織能力也很重要。磨練了組織能力，就改善了員工在組織中的生存環境。

以上三個部分僅是筆者從作為人才盤點項目的設計者、參與者和評價者的三個視角來綜合闡述的。旨在幫助組織、團隊在人才盤點的過程中看到亮點，看到人才在組織中成功的模式，看清下一步支持策略成果最大化的人力資本管理模式，看到組織需要在「邊生產，邊改進」中的提升機會。

4.3　管理績效

與組織一樣，績效也是一個複雜且難以理解的詞語，它的內涵十分豐富，我們還是先透過一些例子來理解績效，進而闡述在組織和個體層面來管理績效意味著什麼。

第二部分　實踐和機制

4.3.1　從身邊的事情說起

籃球是一個很受歡迎的運動項目，我們從這個運動項目說起吧。

我們去社區周圍的籃球場看看，人們在籃球場上，最常做的動作是什麼？沒錯，是投籃！投籃成功能帶給人成就感，每個人都希望把自己的球投進籃筐，這證明自己的身體控制力很好，同時這也是一個即時的，讓人感覺達到目標的回饋。籃球比賽就是進攻比誰投得準，防守比誰限制對方投得不準。

那如何能夠投準呢？當然是離籃筐越近命中率就越高嘛，所以投籃的時候最好能離籃筐近一些。實際比賽中離籃筐近一些，可能嗎？可能性不大！因為高個子在籃筐底下呢，你沒有機會！如果從這個視角來看，籃球還真是一個高個子的運動，所以我們打球都喜歡和高個子同一隊，這樣高個子就能幫我們隊得分。

那除了身高天賦，對於普通人來講，有沒有別的技巧能彌補身高的不足呢？有！是投籃技術！哪個投籃技術可靠呢？擦板進球。也就是在投籃的時候，我們不用瞄準籃筐，而是瞄準籃板上那個白色的框，讓籃球從這裡找到一條路徑彈進去。前幾年 NBA 有個歷史級別的球員提姆・鄧肯（Tim Duncan）就很喜歡用這個技術，穩定得不得了，加之他的性格，大家稱他為「石佛」，可見其技術穩定性（也可見其得分這個績效的穩定性）。如果經過不斷的練習，掌握了擦板進球技術，命中率會極大地提高。即使身高不夠，照樣可以成為左右比賽勝負的關鍵人物。在這個過程中，籃板上的白框就是「靠山」和「幫手」，它能夠引導打球者將籃球「撥進」籃筐得分。

擦板進球有一個不足，就是它有位置要求，如果你站在底角，就失

去角度了。就是說擦板需要有一定的角度才能更好地找到路線，這樣就對你的跑位造成影響，對方的防守也會更容易。那這個時候怎麼辦呢？就又回到籃球場上很多人練習的環節——投籃。大家普遍的認知是熟能生巧，我多練幾遍自然命中率就提高了。但這裡有三個要點：第一，身體要舒展（舒展是第一個要點）向上投，只要投的弧線高一些，球進的機率就更大些；第二是持球的動作，左手來護球，輔助保持方向，籃球和手掌之間要有間隙；第三，主要靠右手除拇指外的四個手指把球撥出去。掌握了這三點，你會發現在球場任何你力量可及的位置，都可以自信地找到路徑投進，這樣才能保證在團隊配合的時候你順暢地跑位。我們仔細觀察好的投手，從麥可・喬丹（Michael Jordan）到史蒂芬・柯瑞（Stephen Curry），他們的投籃都遵循這樣的技術要領。而且按照這樣的技術要領，能迅速地回饋給你是因為哪一點做得不好導致沒有投進，可以進行快速調整。

　　在確定的時間內得分多少是衡量一個籃球團隊績效的方式，所以從進攻上來說，你就要尋找這樣更加確定的方式，或依賴個人能力，或依賴團隊戰術配合，用最穩妥的方式得到分數；在防守方面，要盡量破壞對方強的個體進攻，不讓他有輕鬆擦板的機會，封鎖他的投籃弧線，破壞對方的團隊配合，同時增加自己團隊進攻的機會。長久實行這樣的訓練戰術和技術，球隊便有了更多贏的機會。

　　從體育運動到戰爭，從小團隊到商業組織，就是這種重新設計並獲取優勢的能力讓優勝者占據了強大優勢，因為一旦具備這樣的能力，雙方就不在同一個維度下公平競爭了，而是被拖入別人的優勢領域。在這種情況下想贏，無論是體育比賽，還是商業競爭，機率都微乎其微了。

　　這個部分需要讓大家了解到，當然可向人才要績效，但當我們從外

第二部分　實踐和機制

向內看的時候，績效是組織設計之下的競爭，工作越細分，我們越要了解到組織中靠個人產出的成果遠遠少於組織協同產出的結果。因此如何設計協同機制是績效的首要問題，且這個問題值得拿出來認真討論和對待。

4.3.2　從故事到理論

前一節，我們講了籃球的例子，並引申到戰爭和商業競爭中。都是在講一個人、一個團隊甚至一個社會群體獲得技能，進而獲得優勢和績效的故事。在人類歷史上，這樣獲得技能的事情是如何發生的呢？弄清了這個脈絡，我們就能知其然，又知其所以然了。

人類，或者說人群之間知識傳遞的第一個方式是姻親，特別是不同民族的通婚會傳播新的技術。歷史上文成公主和松贊干布就是很好的一個例子。但這種方式的效率很低，在一般情況下，一個民族的產業到成為另外一個民族的產業，至少需要上百年的時間，這也就解釋了為什麼西方甘願那麼長時間高價購買中國的茶葉、絲綢和瓷器，因為歷史條件不允許！知識、技能的傳遞條件不具備。當然那個時候人類也沒有了解到知識的力量。

不同民族和不同區域之間的姻親是一個小機率事件，所以知識傳遞的方式後來有了新的發展，就是傳統意義上的師徒制。一個有潛力，被師傅認可的年輕人經過 3～5 年的跟隨學習，將師傅在該領域的技能全部學到手。各類手工業協會都是這樣建立起來的，給外人的印象是這類行業的手藝人都是有訣竅的，是不可能短時間學會的，這個認知在人類頭腦中存在了 1,000 多年。

徹底打破這個認知的人就是科學管理之父，腓德烈・溫斯羅・泰勒

(Frederick Winslow Taylor)。泰勒認為工作是可以被拆解、被分析和被設計的。這位美國人開創的領先全球的新思想帶來了本質性革命。泰勒以後，美國不少組織中的職位被採用科學的方法予以拆解、分析、標準化和培訓。採取了這個方法之後，人類進入一個新領域的學習時間變成了多少呢？3個月左右！這個進步是極大的，是顛覆人的直覺的，所以討厭泰勒的人很多，工人和工會都很討厭他，因為他破壞了行業協會有訣竅這個認知。資本家也不喜歡他，因為他主張生產率提升後替工人漲薪資。1911年，在美國陸軍軍械部部長克羅澤的支持下，泰勒在麻薩諸塞的沃特頓兵工廠和伊利諾的羅克艾蘭兵工廠進行科學管理實驗。具體實施科學管理的梅里克在沃特頓兵工廠解僱拒絕配合的工會會員引起罷工，美國國會眾議院組成特別委員會展開調查之後，泰勒在美國和全球才被廣泛地認知和認可。

除非後續在人腦和機器介面方面發生革命性的變革，或者我們能夠找到更好的方式來學習，否則現在人類的學習方式還會在科學管理的指導下繼續發展。如果這個發展要惠及你的組織，就要求你要認可、相信，並真正地去實踐這個理論。

我們接著來說兩個真實的研究，使我們在關注績效時候，能夠看清楚這裡面的基本道理。

我們先說第一位研究者，他叫湯瑪斯·吉爾伯特（Thomas Gilbert），出版了一本很有名的書叫 *Human Competence: Engineering Worthy Performance*。在這本書中，他提出了一個模型和三個公式，這個模型被稱為行為工程模型（BEM）（見圖4-3）。

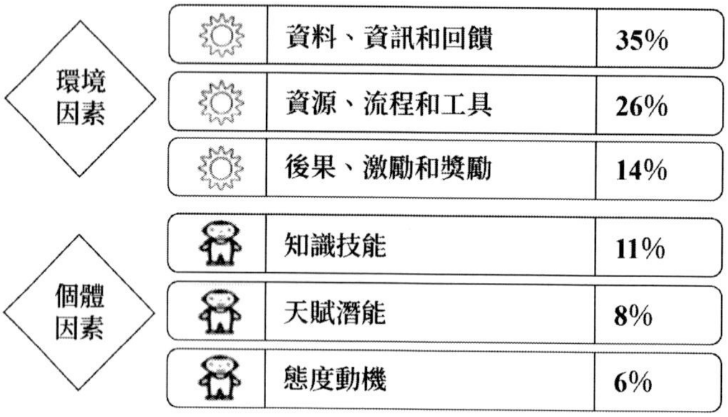

第二部分　實踐和機制

環境因素	資料、資訊和回饋	35%
	資源、流程和工具	26%
	後果、激勵和獎勵	14%
個體因素	知識技能	11%
	天賦潛能	8%
	態度動機	6%

圖 4-3 行為工程模型
資料來源：某管理顧問公司。

　　這個模型是吉爾伯特在廣泛研究的基礎上形成的，不是一個單純的理論研究結果。也就是說，組織中的環境對員工工作績效的相關性是 75%，而員工個體是 25%。這個認知是顛覆性的，但這個研究結果承受住了現實的考驗。

　　除了這個模型，吉爾伯特還有三個公式值得大家關注。第一個公式是：P = BA。其中 P 是 performance，績效；B 是 behavior，行為；A 是 accomplishment，完成、成就。也就是說，績效是由人的行為完成的成就。第二個公式是：W = A／B，A、B 的意思與第一個公式相同，W 是 worthy performance，有價值的績效。「有價值」是經濟學上的含義，它衡量的是為實現績效目標所付出的投入與績效結果產出的價值之間的相對關係，也就是「績效結果投入與產出比」。第三個公式是：PIP = Wex／Wt。它指出了「某一名員工績效提升的潛能有多大」，PIP 指的是績效提升潛能（potential for improving performance），Wex 是團隊中績效表現最佳的員工，Wt 則是績效表現一般的員工。最佳員工與一般員工的績效比值就是可提升的空間。吉爾伯特發現：保險業務員的績效提升潛

能指數為 14，印刷工廠經理是 6，培訓課程開發人員是 25，而數學老師是 30。

看完吉爾伯特的研究，你找到重點了嗎？在一個組織中如何建立環境是重點，如何找到從 Wt 到 Wex 的路徑是關鍵；如何重新塑造員工的工作行為 B 也很關鍵。你看他是不是進一步把泰勒的理論發揚光大了？

如果說泰勒理論還是停在純工廠背景的階段，那麼吉爾伯特的研究則可以直接運用到所有的組織中去。

接下來我們來說第二個研究，這個研究有助於大家從團隊的視角來看待績效，這位學者叫 Richard Hackman。我們來看卓越團隊的六大條件（見圖 4-4）。

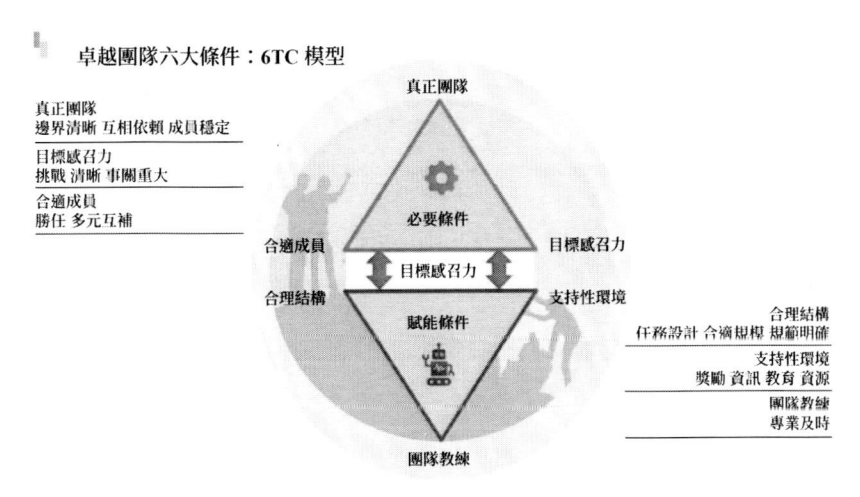

圖 4-4 卓越團隊的六大條件
資料來源：某顧問公司。

它分為必要條件和賦能條件，其中必要條件有三個：真正團隊、目標感召力和合適成員。在每個條件下又進行了細分，賦能條件也分為三個：合理結構、支持性環境和團隊教練。那麼具備這些條件，就能自然

第二部分　實踐和機制

而然地實現績效嗎？Richard Hackman 又將從卓越團隊到績效的過程進行了總結（見圖 4-5）。

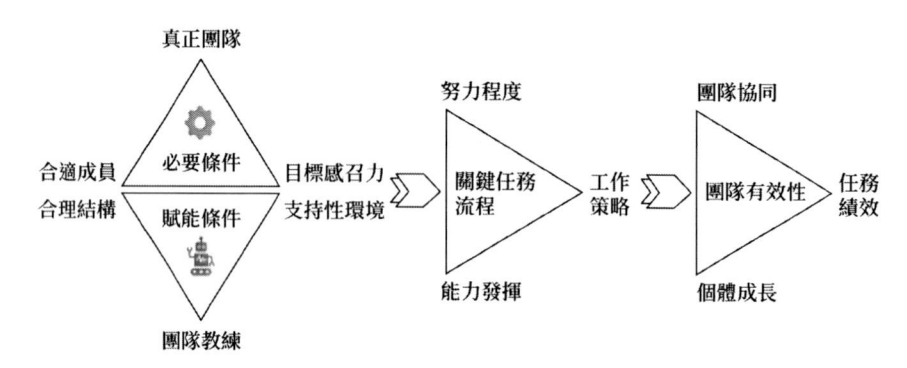

圖 4-5 團隊診斷的 12 個指標
資料來源：某顧問公司。

卓越團隊透過執行關鍵任務流程（依賴執行關鍵任務流程時的工作策略，每個人的努力程度和能力發揮，至少是關鍵職位的能力發揮），在維持團隊有效性的基礎上達成任務績效，團隊有效性不僅產出績效，而且要持續維持團隊協同和個體成長。

我們來看一組實際有代表性的研究（見圖 4-6），大家來看看是否符合我們當前的現狀。由於資料保密的要求，我僅使用黑色、灰色和白色來代表在這項測試中的得分，分別是低、中、高。

首先，大家對結果並不太滿意（5 分制），但是個體成長和團隊協同尚可（你的組織有這樣的標準嗎？如果沒有，就說明這個尚可，也只是一種人際感知狀態）；對工作策略普遍不滿意，對努力程度也基本呈負面態度；在卓越團隊建設方面，普遍感覺到支持性環境差，很難找到合適的成員；最後，沒有什麼心理安全感。對比你的組織，有沒有擊中你的痛點？

第 4 章　向人才要績效

這個研究說明我們在組織管理領域的基本認知上出現了偏差，這些偏差基於我們長久的潛意識形成，和管理學的基礎研究出現了重大偏差。

那麼如果我們要在組織中獲得更大的成績，應該從哪些方面入手呢？

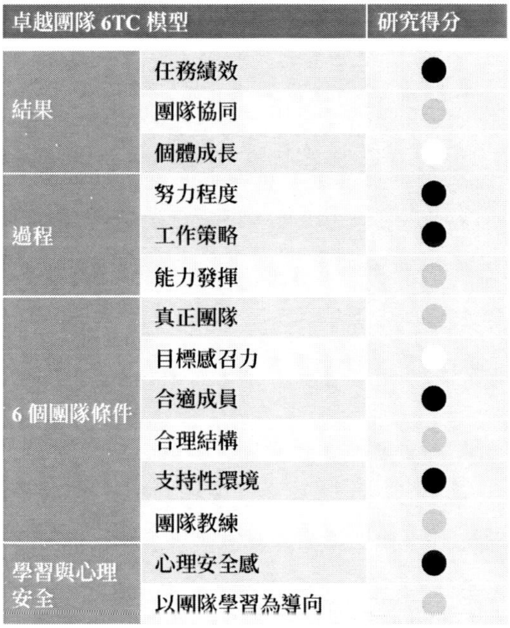

卓越團隊 6TC 模型		研究得分
結果	任務績效	●
	團隊協同	◐
	個體成長	○
過程	努力程度	●
	工作策略	●
	能力發揮	◐
6 個團隊條件	真正團隊	◐
	目標感召力	○
	合適成員	●
	合理結構	◐
	支持性環境	●
	團隊教練	◐
學習與心理安全	心理安全感	●
	以團隊學習為導向	◐

圖 4-6　一個基於 TDS 的研究例項
資料來源：根據某顧問公司資料，由筆者繪製。

首先，要提升對有效團隊構成、過程和結果的認知：透過吸取成員的智慧，提供有安全感的環境；提出具有前瞻性和感召力的團隊目標，並予以清晰的描述；事先明確達成目標後的激勵制度。

其次，必須重視招募環節實現人職相配，並找到方法來幫助績效水準一般的成員，藉助於團隊之力使其成長為高績效人員。

第二部分　實踐和機制

最後，要有專人來設計和維護工作相關的流程、邊界和任務，尤其是和關鍵組織能力相關的工作領域。

透過上述步驟，組織中能夠持續獲得和工作相關的資訊、資料、回饋、資源、流程，形成資料庫或知識庫。

4.3.3　開放系統下的組織績效

接下來這一節，我們先考察組織獲得績效的過程。在組織中，當掃描商業環境和競爭形勢時，人們首先想到的是一組結果如組織績效。人們總是希望自己的組織在商業環境和競爭下，能夠獲得一組績效並保障自身生存下來和持續競爭。從策略的角度講，就是要維護組織的經營之道。上述想法很容易流為一廂情願的想法，往往遠離真實，正所謂「理想很美好，現實很殘酷」。

現實是在分析環境之後要形成策略，策略的執行要經過認真設計，要有組織能力累積沉澱。在策略執行和落實的時候，成員還會受到組織原有行為模式、文化和慣性的影響。只有經過現實中的一系列過程之後，才能知道在真實世界中所獲得的組織績效。這裡是組織績效獲得的簡要模型（見圖 4-7）。

圖 4-7 組織績效簡要模型

資料來源：筆者根據大衛．漢納 (David P. Hanna) 的《組織設計》(*Designing Organizations for High Performance*) 繪製。

第 4 章 向人才要績效

實際上，組織績效的獲得需要系統性努力。需要真正的團隊，圍繞目標進行合作；需要在已有環境、流程、工具的支持下，進行反覆、連續的執行和選擇。在這個動態的、發展的系統過程中，需要關注組織策略、組織結構和設計、組織文化等方面的影響。事實上，當策略確定下來以後，執行就成了頭等大事。執行過程對績效的影響有的時候要大於策略本身對於績效的影響。管理者一定要注意策略執行過程，很多時候它就是一場變革，一場關係到組織結構、組織文化等要素的變革。在系統性落地過程中，下面闡明其中的要素和關鍵任務（見圖4-8）。

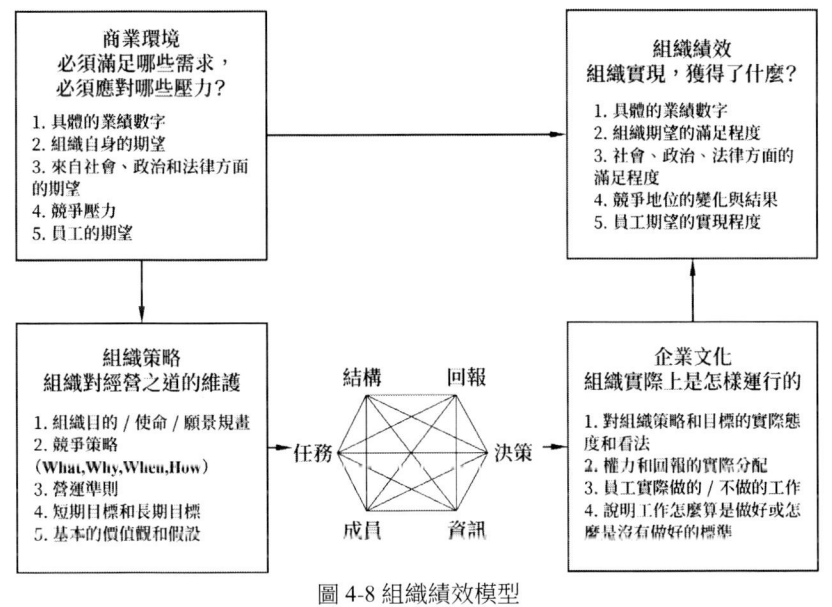

商業環境
必須滿足哪些需求，必須應對哪些壓力？
1. 具體的業績數字
2. 組織自身的期望
3. 來自社會、政治和法律方面的期望
4. 競爭壓力
5. 員工的期望

組織績效
組織實現，獲得了什麼？
1. 具體的業績數字
2. 組織期望的滿足程度
3. 社會、政治、法律方面的滿足程度
4. 競爭地位的變化與結果
5. 員工期望的實現程度

組織策略
組織對經營之道的維護
1. 組織目的／使命／願景規畫
2. 競爭策略
   (What, Why, When, How)
3. 營運準則
4. 短期目標和長期目標
5. 基本的價值觀和假設

結構　回報
任務　決策
成員　資訊

企業文化
組織實際上是怎樣運行的
1. 對組織策略和目標的實際態度和看法
2. 權力和回報的實際分配
3. 員工實際做的／不做的工作
4. 說明工作怎麼算是做好或怎麼是沒有做好的標準

圖 4-8 組織績效模型
資料來源：筆者根據大衛·漢納的《組織設計》繪製。

透過圖4-8，可以看到策略落實，即有效執行是個系統工程。如果組織要獲得業績，獲得成長，就要有系統的管理。這裡的關鍵環節有：基於策略釐清關鍵任務；以關鍵任務和流程為依據，進行組織設計和結構最佳化，並和其他正式的管理制度進行配套。在此基礎上，還要發揮組

第二部分　實踐和機制

織文化的功能，將非正式的協調機制和正式的協調機制加以整合，從而更好支持組織策略落實，實現組織績效。統籌上述要素間關係的責任在領導人那裡，這是其職責、關鍵任務！

如圖 4-8 所示，組織在策略落實和獲取績效的過程中，應該重點考察流程任務、組織結構、成員管理、資訊分享、回報激勵和決策六大要素間的配套和整體性。在此基礎上，還要建立六大正式協調機制和非正式協調機制文化之間的系統聯結。下面描述策略和做法：

首先，在策略制定過程中，要增加關鍵員工的輸入。這樣可以集思廣益。這裡並不是說由員工來定策略，而是透過有代表性員工的參與，讓他們理解策略全景，同時也給規劃者更多元的視角。透過參與策略制定過程，關鍵員工能夠理解策略的 Why 和 What。在此基礎上，他們在 How 方面的執行會更到位。策略制定過程包含這樣的雙向過程，即自上而下和自下而上，兩個過程相互交錯幾輪，策略的全景和日後的執行會更清晰。

其次，是辨識關鍵任務。如果要做到執行到位並贏得結果，組織要多在通路、產品、供應商關係的建立等方面，思考關鍵任務和節點。這些關鍵任務識別清楚了，流程節點分析到位了，再配置最符合的人，就能夠保障執行的到位和效果。

最後，是上述過程中的資訊保留、決策評估和溝通方式的確定等。基於這些資訊和留痕過程，可以在下一輪的執行過程中加以糾偏和最佳化。這一環節的關鍵經常在於對負責人的調整；還有事先明確對關鍵任務達成後給予什麼報酬和回報，並穩定參與者的預期。

在這裡筆者想說明的是：上述每一個環節以及環節之間的關係，都是要透過長期的實踐和疊代才能穩定下來，並形成系統性成長力量。在

真實的管理過程中，管理者需要深諳過程改進背後的原理。在組織場景中，我們會看到高階主管較容易去爭取到大客戶合約，這是有價值的，但更有價值的是，高階主管如何確保組織具有長久的、堅韌地獲得更多大客戶訂單的能力。這一組織能力的建設是組織中高層管理者不可推卸的責任！對於組織而言，競爭始於大客戶發標的時候，更要關注發標背後組織應該發展的大客戶管理能力。透過管理，組織應該在內部建立可以持續累積和最佳化的閉環改進結構，並日積月累地加以改進。只有不斷整合、穩步推進、集腋成裘，才能長期維持競爭力。

從組織理論的角度看，有效執行和績效是三個維度的統籌：策略維度、協調機制維度和員工管理維度。如果我們僅從員工管理單一維度，來要求執行、要求組織績效，這顯然是不全面的。只有具備統和視角、系統視角和開放視角，組織才能真正做到執行力強，績效好，並能夠獲得可持續發展的有生力量！

4.3.4 管理員工績效

當我們在員工層面講管理績效時，意味著組織已經承諾持續地改善員工獲得績效的活動，並能夠為員工獲得績效提供資料、資訊和回饋，提供資源、流程和工具，並明確結構、激勵和獎勵。透過系列管理動作，為員工獲得績效提供穩定預期。

首先要清楚如何確定目標。從自由和責任的角度看，員工應該自發地提出目標，乃至提出挑戰性的目標。但員工目標的提出需要資訊支撐，即上一級的組織目標。一般情況下這裡會有兩類目標：一類是業務目標，另一類是個人發展目標。兩類都可以提，但在追蹤和監督時，可以分開進行。

第二部分　實踐和機制

員工提出目標後就結束了嗎？顯然這只是一個開始，員工的上級需要和每一個下屬確定績效目標（一般來講，這個目標是年度的）。基於組織不同，有使用 KPI 的，有使用 OKR 的，也有使用 OKR 改進版的情況和場景。其中最重要的環節是達成共識！這類共識一般有以下兩類：一是刪減目標，絕大部分知識工作者不是把目標定低了，而是相反，他們定高了。有時他們想解決數年來困擾他們的問題，卻找不到很好的路徑，所以這個時候就要求他們聚焦，聚焦在 1～2 個點上進行演化式推進。二是如何深化描述一個目標，是在客戶端獲得成績，還是在創新方式上獲得成績，有沒有現成的資源，用什麼方式推進，使用什麼樣的機制，都有誰需要參與，參與者之間如何協同，需要誰在什麼時候參加。在這個過程中，如果員工能夠感受到組織或上司的信任，其積極性能夠提升。

過程管理怎麼辦呢？要靠定期的對話，而且是一對一的績效對話。這個過程也涉及管理變化和協調資源，有的時候還有策略時機的判斷。在關鍵事件上不怕管控週期短。只要具備條件，利益相關人都認可且能滿足管控要求即可，也可以單獨就重大事件安排流程。

在相對長週期評價的環節，上級可以直接給予回饋和評價，也可以進行集中的集體評價，當然最終評價的傳達還是一對一的。這個時候會有重大發現，半年或者一年週期下來，會有真正的創新實踐出現在員工彙報中。當然，管理者在過程中就了解並支持了這些實踐。在這種情況下，一定要有意識地和這些員工共創，將優秀實踐萃取出來，並讓當事人在總結大會上演講，為下一階段所有相關人員行動提供模範。這個環節是很占用管理者的時間和精力的，因為涉及人的行為、流程和新工具，以及新理念的應用。萃取要有高度，也要實事求是，還要可以推廣。

4.3.5　小結

透過前面的論述，讀者應該對好績效是管理出來的這一結論有了更清楚的認知：績效來源於對使命的理解，更來源於設計——對組織能力的設計、對群體活動的設計，當然設計還可以看成選擇。一旦選擇或設計確定下來，就要下苦功夫，找到一個、多個系列可以循環的步驟來持續改進。只有這樣，組織和管理者才能為員工績效的產生創造有效條件。

從員工層面來看，績效是成長和成就感的主要來源。績效獲得和員工成長密切相關。員工成長則需要有明確的達到卓越工作水準的路線圖、必要的環境支持以及員工自身必須具備的潛力和潛能。

只有當組織管理和員工成長相輔相成的時候，組織才能成為非凡的組織，並能夠持續獲得績效和卓越成就！

4.4　等級 2 的組織

在訪談某公司前組織部長時，他說：「我們有 15 萬人（2013 年資料），真正發揮作用的人有多少？悲觀估計可能就百分之三、四十的人，樂觀點可能有百分之七、八十的人。但還有百分之二、三十的人就在混日子。」他有憂患意識，一下就抓住了重點：向人才要績效（即讓人才真正發揮作用），這就需要做好人力資源管理工作，尤其是人才的招募和配置以及績效管理。

在本章中，我們首先介紹了網飛的例子，並指出網飛的成功是抓住了人才管理和管理績效兩個關鍵點。Richard Hackman 的研究也顯示，組織需要建立必要條件、對員工加以賦能條件並提升流程效能，才能幫助員

第二部分　實踐和機制

工獲得績效。另外，在網飛這個案例中，我們可以清楚地看到公司花大力氣在尋找最符合職位和公司的員工，並使其成為同行業中的佼佼者。

接著，我們將焦點對準人才招募與配置管理。這裡我們對校園徵才、一般徵才中的常見問題分別進行了闡述，並提出解決方案。在人才配置管理過程中，一定要注意招募不是重點，有效的配置才是要格外關注的。徵才的目的是有效配置。除此以外，員工的招募和配置要圍繞四個目標來進行。掌握了上述原則和做法，組織才能夠在各類人才配置活動中遊刃有餘，做出自己的特色。

績效環節，我們稱為管理績效，之所以不使用「績效管理」是在說明，績效是管理者的責任，無論是組織層面的績效還是員工層面的績效，共同看清目標，建立績效達成的環境是領導者不可推卸的職責。了解到這一點，並找到合適的人才後，組織才有可能在成熟度 1 級的基礎上，躍遷到成熟度 2 級別。

比較而言，成熟度 2 相對於成熟度 1 是進步的。透過人才的招募和配置，管理組織績效和員工績效，組織有可能擺脫「一言堂」，並向著良將如雲的方向邁進。這需要組織領袖有決心，也需要專業工作者有信心，並為組織做出自己的貢獻。

除了人才招募與配置、管理績效兩個重點以外，薪酬管理也是必不可少的。這是組織層面必須進行設計的激勵維度，要由組織中的管理者來進行有激勵意圖的分配。作為其他的配套措施，溝通與協調按照管理績效本身的需求來進行，主要有上下級之間的溝通和矛盾的協調。另外，培訓在這個階段主要聚焦於當前以及將來所需要的知識，對業務的影響還比較小。工作環境則是支持性的，要求配備相應的工作條件，並將環境中的影響因素最小化。

4.5 行動起來

雖然人才配置和管理績效看起來很容易，但在組織中很容易陷入死循環。因為策略只出現在合適的人頭腦中，有合適的策略才有明確的績效目標，才知道配置什麼樣的人才。相反，如果組織、團隊目前沒有人才，策略和績效就處在相對模糊的階段，反過來又影響了人的成長。因此，搞清楚從哪裡行動是非常重要的。

一般來講，組織、團隊負責人都有自己非常擅長的專業領域，在這些領域內要找到合適的人（除了自己之外），也就是說首先要找到自己有能力判斷的領域，在這個領域中確定明確的策略 —— 績效 —— 人才循環。

如果對某個必須重點建設的專業領域組織、團隊負責人不是很熟悉，那就要向內外找到這樣的人才，然後引導其形成策略 —— 績效 —— 人才閉環的系統。這個嘗試的過程很重要，對此負主要責任的業務領導人要擔起責任，組織要禁得起「實驗」和「校準」。另外，還要注意一個特別常見的現象，就是無論如何「實驗」和「校準」，某些關鍵職位總是無法有人能夠勝任，這個時候要重新審視職位在流程中的價值，或許將職位職責重新劃分，以及為這個職位配置一個熟悉組織的「平凡人」正是組織能力建設所要求的。

總之，人才配置過程對組織來講是一個永遠不過時的話題。一方面人才總能為我們帶來驚喜；另一方面組織中的所有人都想競爭成為「人才」，拿到績效。

在筆者的觀察中，還有一類特別的現象，隨著主管識別「人才」的程序，主管周圍的「小圈子」也逐漸形成了，這是一個好現象，也是一個壞

第二部分　實踐和機制

現象。好的方面是說組織、團隊有了專業的、互補的主管群體，壞的方面是組織、團隊的負責人會停止前進的步伐，陷入這個小圈子。組織要想不斷地進步，這個小圈子一定是圍繞組織的策略，在競爭中獲得持續優勢來不斷更新的，組織、團隊的負責人要有這個認知，要有基於這個認知的管理實踐活動。

第 5 章　向業務變革要成果

5.1　一個 IPD 流程成功應用案例

IBM 顧問幫助某公司 IPD 應用成功後，此產品整合開發流程名震天下，但在後續跟進的組織中，很少見到成功者。基本上都是第一輪學習流程，成立一些委員會，卻很難有效運轉。以 R 公司為例，其第一輪 IPD 流程的應用也以成效不理想結束了。但 R 公司 CEO 認為，此流程的應用必須重新再來。於是，我們有幸聽到了這個獨立自主推展 IPD 流程應用的故事。

為什麼眾多科技組織要推展 IPD 流程在組織內部的應用呢？筆者聽到的回答基本相似，一是要借鑑某公司集公司之力提升產品開發的效率，提升產品開發的成功率，提升研發的投入產出比的經驗；二是建構組織創新能力，為市場競爭提供護城河。這個裡面的隱痛，是這些組織以前賴以生存的強人模式（信賴業務高手）無法繼續支持組織的系統性成長。在這個階段，組織需要透過產品整合開發流程來滿足市場競爭的需求。但在真正實施的過程中，很多組織被複雜度打敗。R 企業在覆盤過程中就認為，行銷和產品職位的流程執行能力不足是造成這個流程應用困難的根本原因：既沒有辦法自己把工作扎實應用，又很難對其他職能的工作產生影響。

R 企業改進的第一步是將主要精力轉移到對產品經理職位的分析上，並仔細覆盤第一輪應用時的要求，如圖 5-1 所示。基於此圖，專案組對產品經理的基本素養進行細化描述，對各項職責下面的任務需要哪些知識進行說明，用對知識的考試來驗證產品經理是否合格，用產品經

第二部分　實踐和機制

理的績效指標來牽引產品經理明確學習的方向。縱觀不同組織在應用 IPD 時，基本採用的是類似的方法，顯然得到的結果也是基本相同的。

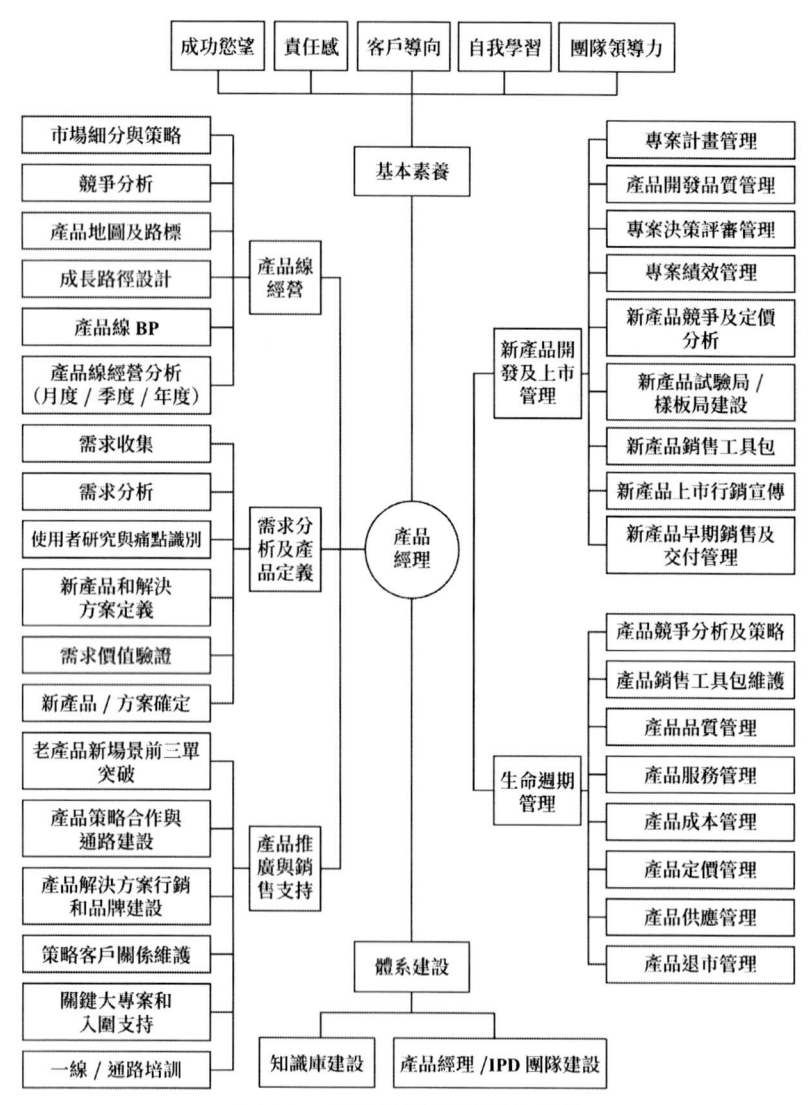

```
                    成功慾望  責任感  客戶導向  自我學習  團隊領導力
                              │
                          基本素養
                              │
  市場細分與策略 ┐                              ┌ 專案計畫管理
  競爭分析     │                              │ 產品開發品質管理
  產品地圖及路標 │   產品線                    │ 專案決策評審管理
  成長路徑設計  ├── 經營                     ├ 專案績效管理
  產品線 BP    │                              │ 新產品競爭及定價分析       新產品開發
  產品線經營分析 │                              │ 新產品試驗局／樣板局建設   及上市管理
  (月度／季度／年度)┘                           │ 新產品銷售工具包
                                              │ 新產品上市行銷宣傳
  需求收集    ┐                               └ 新產品早期銷售及交付管理
  需求分析    │   需求分
  使用者研究與痛點識別├── 析及產         產品
  新產品和解決方案定義│   品定義         經理
  需求價值驗證 │                              ┌ 產品競爭分析及策略
  新產品／方案確定┘                           │ 產品銷售工具包維護
                                              │ 產品品質管理
  老產品新場景前三單突破 ┐                    ├ 產品服務管理         生命週期
  產品策略合作與通路建設  │                   │ 產品成本管理         管理
  產品解決方案行銷和品牌建設│ 產品推          │ 產品定價管理
  策略客戶關係維護        ├廣與銷           │ 產品供應管理
  關鍵大專案和入圍支持    │ 售支持           └ 產品退市管理
  一線／通路培訓         ┘
                              │
                          體系建設
                              │
                    知識庫建設    產品經理/IPD 團隊建設
```

圖 5-1 R 公司產品經理勝任力模型
資料來源：筆者繪製。

在這種情況下，為了保障產品經理有發展，還定義了產品經理的發展路徑，在內部稱為「彙報關係」。隨著級別的升高，對圖 5-1 中產品經理對應的內容涵蓋也更多（見圖 5-2）。

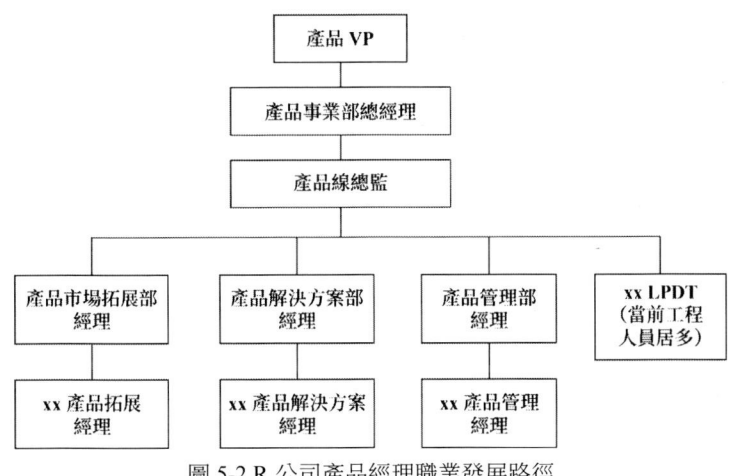

```
                    產品 VP
                       │
                產品事業部總經理
                       │
                  產品線總監
          ┌────────┬────────┬────────┐
      產品市場拓展部  產品解決方案部  產品管理部   xx LPDT
         經理         經理         經理     （當前工程
          │           │           │       人員居多）
      xx 產品拓展   xx 產品解決方案  xx 產品管理
         經理         經理         經理
```

圖 5-2 R 公司產品經理職業發展路徑
資料來源：筆者繪製。

顯然，上面的做法是基於「想像」而非現實，是基於外行對內行的要求，而非基於內行專業規律的營運。了解到這一點，是整個專案轉折的關鍵。R 公司專案組開始對產品經理這個職位進行了兩輪分析。第一輪運用「工作分析工作坊」對產品經理的工作進行劃分；第二輪用「專家法」對產品經理的工作進行了界定，界定之後再和 IPD 流程去對應。

產品經理的分析及其與流程的對應情況如下（見圖 5-3 和圖 5-4）。

透過這兩輪分析和界定，專案組發現產品經理有三類職位，即規劃、管理與拓展。這三類職位的職責是截然不同的。在此認知的基礎上，再將職位職責分解成任務去和 IPD 流程相比較、對應，這樣實際執行流程中的任務就與產品經理職位職責中的任務一一對應了，這個對應解決了之前應用時流程和人員勝任力彼此脫節的問題。

第二部分　實踐和機制

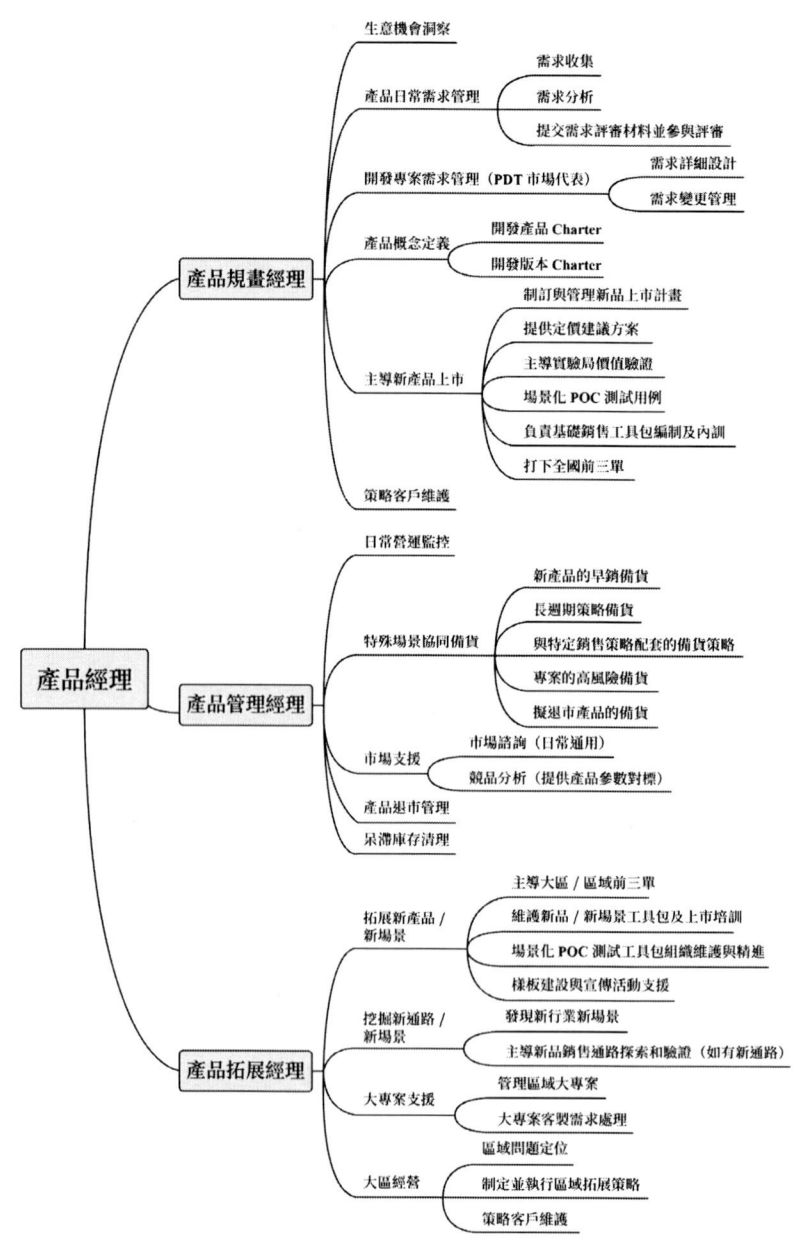

產品經理
├─ 產品規畫經理
│ ├─ 生意機會洞察
│ ├─ 產品日常需求管理
│ │ ├─ 需求收集
│ │ ├─ 需求分析
│ │ └─ 提交需求評審材料並參與評審
│ ├─ 開發專案需求管理（PDT 市場代表）
│ │ ├─ 需求詳細設計
│ │ └─ 需求變更管理
│ ├─ 產品概念定義
│ │ ├─ 開發產品 Charter
│ │ └─ 開發版本 Charter
│ ├─ 主導新產品上市
│ │ ├─ 制訂與管理新品上市計畫
│ │ ├─ 提供定價建議方案
│ │ ├─ 主導實驗局價值驗證
│ │ ├─ 場景化 POC 測試用例
│ │ ├─ 負責基礎銷售工具包編制及內訓
│ │ └─ 打下全國前三單
│ └─ 策略客戶維護
├─ 產品管理經理
│ ├─ 日常營運監控
│ ├─ 特殊場景協同備貨
│ │ ├─ 新產品的早銷備貨
│ │ ├─ 長週期策略備貨
│ │ ├─ 與特定銷售策略配套的備貨策略
│ │ ├─ 專案的高風險備貨
│ │ └─ 擬退市產品的備貨
│ ├─ 市場支援
│ │ ├─ 市場諮詢（日常通用）
│ │ └─ 競品分析（提供產品參數對標）
│ ├─ 產品退市管理
│ └─ 呆滯庫存清理
└─ 產品拓展經理
   ├─ 拓展新產品／新場景
   │ ├─ 主導大區／區域前三單
   │ ├─ 維護新品／新場景工具包及上市培訓
   │ ├─ 場景化 POC 測試工具包組織維護與精進
   │ └─ 樣板建設與宣傳活動支援
   ├─ 挖掘新通路／新場景
   │ ├─ 發現新行業新場景
   │ └─ 主導新品銷售通路探索和驗證（如有新通路）
   ├─ 大專案支援
   │ ├─ 管理區域大專案
   │ └─ 大專案客製需求處理
   └─ 大區經營
      ├─ 區域問題定位
      ├─ 制定並執行區域拓展策略
      └─ 策略客戶維護

圖 5-3 R 公司產品經理職責、任務分析
資料來源：筆者繪製。

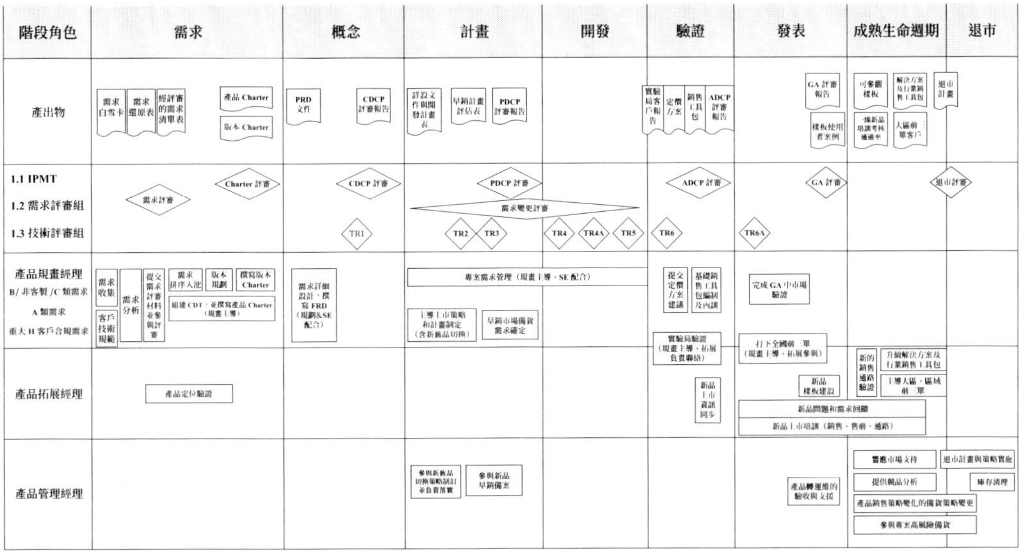

第 5 章　向業務變革要成果

圖 5-4　R 公司 IPD 流程與產品經理職位任務對應搭配情況
資料來源：筆者繪製。

　　此時，參與專案的專家普遍興趣盎然，認為組織內終於有人說清楚流程和職位職責之間的對應關係了。然而說清楚只是第一步，應該如何教會員工做呢？不能再按照之前考試的方法吧。這個時候專案組再進行探索。首先選定產品日常需求管理這個任務來進行萃取，之所以選擇這個任務是這個任務足夠重要，也足夠難，更關鍵的是這個任務是產品經理和產品開發過程的起點。經過 3 輪組織內的大討論，組織確定了需求收集、需求還原和需求評審的具體流程、具體步驟、方法、輸入輸出、實際場景中常見的難點以及解法，將其作為產品經理實施這個任務的培訓材料。以需求的 3 個任務為例，在組織內部組織專家進行產品經理 14 項職責，33 項任務的開發，如果再向下看一層，最後達到了 1,000 項以上的活動步驟。這樣規模的細化，使得該流程的應用大步向前邁進。

　　顯然，這樣的工作在組織內部遇到了阻力，不少市場線和產品線負

第二部分　實踐和機制

責人，在任務還沒有開發出來時就表達了不滿，認為自己部門存在諸多特殊情況，公司推展這個專案是一廂情願。此時專案組並未氣餒，而是在各個任務初步開發完成後的評審環節請相關部門負責人做評審，分組討論，將其意見分類為：吸納、解釋為什麼不採用、暫不做決定三類，用實踐成果證明的方式來化解組織內部的分歧。在這以後，則全面培訓員工，讓員工按照標準動作執行，並持續回饋意見。

為了保障專案成果的落地，R公司主要採用了3種方式：第一，凡是產品部門的管理職位，都必須總結自己的實踐案例來參加考評，要求管理者「人人過關」。第二，首先看你的案例和標準比較的符合度，其次看你創新的程度，最後以事業部為單位，每週定期舉行2～3場比賽，每場比賽6個案例，評選前3名予以獎勵；同時按照參賽、獲獎情況進行積分，對名列前茅的單位進行集體獎勵，對落後的單位集體扣減年終獎金。第三，專案組到各個部門收集有效的推行方式，在公司層面進行推廣，同時收集難點問題。

在產品經理任務明確之後，R公司又對評審的標準化這件事情如法炮製，並加以應用和固化。同時根據產品創新本身的要求，引入了TRIZ[05]這個創新工具，使IPD流程的執行能力和創新能力都得到極大提升，產品路標的達成率和產品成功率也得到明顯提升。經過3年的努力，R企業產品開發水準大大提高，組織年營業收入也從不足50億元提高到100億元以上。

我們可以看到，R企業的IPD應用其實是一次變革，有從上到下的強力推動，也有廣泛的從下至上的廣泛參與，還有專案組的強力推進，

---

[05]　TRIZ是拉丁文縮寫，意思為發明問題的解決理論，由蘇聯科學家根里奇·阿奇舒勒（Genrikh Altshuller）創立。

尤其是在其中設計有效執行的機制。這樣的變革為組織在產品創新方面的提升發揮了非常關鍵的支撐作用，也為組織後續變革創造了「模式」。

在這個案例中，我們看到 R 公司推翻了原來的基於基本特質描述和職責下對應勝任力的描述，這些都是西方教科書上常見的內容。這是為什麼呢？我們從案例中出來，下一節對勝任力這個概念和實踐做一個探討。

5.2　勝任力分析與勝任力發展

說到勝任力，便不得不提美國社會心理學家，大衛·麥克利蘭（D. C. McClelland），他幫助美國國務院選拔外交官的案例廣為流傳。

1960 年代後期，美國國務院意識到僅以智力因素為基礎，選拔駐外聯絡官（Foreign Service Information Officer，FSIO）的效果不理想。許多智力、知識程度優秀的人才，在實際工作中的表現卻令人非常失望。在這種情況下，麥克利蘭博士應邀幫助美國國務院設計一種能夠有效地預測實際工作成績的人員選拔方法。在專案過程中，麥克利蘭博士發現了勝任力這一理論和管理工具。

1973 年，麥克利蘭博士在《美國心理學家》雜誌上發表了題為 *Testing for Competency Rather Than Intelligence* 的文章。文章認為，傳統的智力和能力傾向測驗不足以預測職業成功或生活中的重要成就。這些測驗對少數民族和婦女是不公平的，並且人們主觀上認為能夠決定工作成績的關於人格、智力、價值觀等方面因素，在現實中並沒有表現出預期的效果。因此，麥克利蘭強調回歸現實，從第一手材料入手，直接發掘那些能真正影響工作績效的個人條件和行為特徵，為提高組織效率和促進個人事業成功做出實質性的貢獻。他把這種直接影響工作成績的個人條件和行為特徵稱為勝任力。確定勝任力的過程需要遵循兩條基本原則：

第二部分　實踐和機制

第一是能否顯著地區分工作成績,是判斷一項勝任力的唯一標準。第二是判斷一項勝任力是否能區分工作成績必須以客觀數據為依據。

在麥克利蘭研究的基礎上,後來又有很多延展性研究。例如對一項勝任力進行詳細的定義。表 5-1 是一個對資訊蒐集的級別定義,同時透過對實際行為進行評分來評價一個人在這項勝任力方面的特徵。

表 5-1 資訊蒐集能力的定義
資料來源:筆者繪製。

「蒐集資訊」級別定義	
級別	行為描述
7	其他人加入,一起進行非正式探訪,獲取資訊
6	運用自己持續不斷的方式蒐集資訊,可能基於對某種資料的興趣或偏好
5	研究。在一個特定時期,透過一項系統的方法獲得資料或回饋,或透過正式的研究管道,例如期刊或其他
4	接觸其他管道或對象,掌握他們的觀點、背景資料及經驗
3	挖掘真相。透過一系列的深入問題可以探知情況及問題的核心
2	個人的調查。直接觀察現場,透過現場觀察發現問題
1	向利益相關人直接詢問一些問題,這些人可能不曾出現過但卻是相關的;能夠諮詢有價值的資訊源,甚至不怕遇到障礙,表現優異的人通常會在行動之前,花一點時間蒐集有用的資料
0	只能接受給定資訊,沒有任何其他資訊蒐集的行為

在勝任力描述的基礎上，對一個職位的全部勝任力提出要求，便有了職位的勝任力模型，如圖 5-5 所示。當我們在談論勝任力時，往往指知識、技能及過程能力。這樣，透過考試、主管或專家評價、模擬專案、資格證書和透過成果物判斷的方式，來掌握員工勝任力情況。圖 5-5 是我們常見的職位勝任力模型，由於過程能力是一個根據實際過程和結果來評價的專案，因此在勝任力模型中較少見到，而經驗作為組織要求的資格類專案，會納入進來。

系統軟體開發工程師（專家級）

能夠精熟地利用專業領域知識應對複雜業務問題，被看作專業領域專家。經常貢獻於新創意、新想法的開發，為複雜問題或專案工作，包括分析具體業務場景，建構多因素的資料分析系統。在組織級更廣義的系統開發政策／指南實踐中，能夠不斷練習達到精熟，用自己獨立的專業判斷來決定最佳方法以達到工作目標。對功能性團隊或者跨職能團隊，能夠領導他們或者給出專業建議，為低級別人員提供輔導或指導活動。作為專家，為組織政策建立，流程改進提供方向與指導。經常代表公司與客戶／使用者交流

知識	技能	經驗
・精通軟體開發相關知識，包括操作系統、各類組件和程式語言 ・是關鍵技術領域的權威 ・對組織技術的各個組成部分有深入的理解，並熟知如何利用技術達到組織目標 ・理解該技術領域在公司業務策略和技術策略中的定位與作用	・精通專案管理和人員培訓的各個細節 ・具備卓越的工作技巧，特別是在優先事項確定和時間管理上 ・對系統／應用程式的市場發展趨勢有清楚的認知 ・能夠應對隨著需求不斷成長的壓力	・一般來講，大學學歷或同等學力，需要 8 年以上的相關工作經驗 ・研究所學歷，需要 4～6 年工作經驗

圖 5-5 系統軟體開發工程師的職位勝任力要求
資料來源：筆者繪製。

這個時候讀者會問，勝任力模型是如何來的呢？一般來講有兩個方式，即專家經驗法和結構化方法。專家經驗法，有面向專家來專門制定

第二部分　實踐和機制

的，有對專家進行訪談來制定的，也有透過多位專家「腦力激盪」來制定的。結構化方法是指透過一個有序的過程來引導專家或本職位人員參與，分析出該職位的勝任力。下面來具體說明：

第一步，分析出某一個職位的職責，並對職責按照出現的頻率、關鍵性、學習難度進行評分，從 1～5 分來定義其級別，三項在計算總權重時占比分別為 10%、60%、30%，按照整體權重和每個職責的權重，計算出該項職責的重要性，見表 5-2。

表 5-2 產品經理的職責分析範例
資料來源：筆者繪製。

職責 (Duties)	說明 (Description)	頻率 10% (Frequency)	關鍵性 60% (Criticality)	學習難度 30% (Difficulty of Learning)	總權重	重要性／% (Importance)
D1	研究行業趨勢	2	4	5	4.1	11
D2	開發產品解決方案	3	4	5	4.2	11
D3	制定行業 BP	1	6	5	5.2	13
D4	調查研究客戶需求	4	3	4	3.4	9
D5	研究競爭對手	3	5	3	4.2	11
D6	起草銷售工具包	2	3	3	2.9	7
D7	策劃執行整合行銷傳播活動	2	3	4	3.2	8

職責 (Duties)	說明 (Description)	頻率 10% (Frequency)	關鍵性 60% (Criticality)	學習難度 30% (Difficulty of Learning)	總權重	重要性 ／% (Importance)
D8	維護行業核心資源平臺	3	4	4	3.9	10
D9	負責內部培訓	3	3	4	3.3	8
D10	打下前三單	1	5	5	4.6	12

第二步，依次對每項職責再進行細分，分析其具體的任務或者步驟，從這個任務或者步驟的視角看其需要的輸入和輸出（見表 5-3）。

表 5-3 產品經理「研究行業趨勢」任務的步驟分析

資料來源：筆者繪製。

職責 D1 (Duty D1)	研究行業趨勢			
任務 (Tasks)	說明 (Description)	級別 (Level)	工作產出 (Output)	資訊 (Info)
D1-T1	建設並維護行業專家資源平臺	3	專家資源平臺名單	行業專家名單、行業協會資訊
D1-T2	參與行業協會與論壇	2	行業研討會簡報	行業協會論壇資訊、行業專家背景與聯絡方式、論壇議程、主題報告、行業政策

職責 D1 (Duty D1)	研究行業趨勢			
任務 (Tasks)	說明 (Description)	級別 (Level)	工作產出 (Output)	資訊 (Info)
D1-T3	蒐集行業背景資料	3	背景資料	IDC報告、gartner報告、公司CI情報、行業主流刊物、行業政策焦點、友商刊物
D1-T4	進行資料分析，形成基本假設	2	調查研究方向報告	公司與競爭對手銷售資料、上游晶片廠商資料、統計局相關資料、前期蒐集到的背景資料
D1-T5	進行現場調查研究驗證假設	3	調查研究報告	調查研究模版、客戶資訊、CRM漏斗、產品方案知識
D1-T6	輸出行業研究報告	2	行業報告	上述所有產出物

第三步，根據每個任務或者步驟的輸入、輸出，判斷這一步驟需要什麼樣的知識和技能。知識一般是指在完成這一任務或步驟中所需要的知識、資訊和事實；技能一般是指為完成已承諾的工作，個人必須能夠執行的行為。技能可以包括完成任務的直接行為或者為其他參與完成任

務的個人提供支持或與其他人員進行協調的行為。例如上一步的知識和技能分析，如表 5-4 所示。

表 5-4 產品經理「研究行業趨勢」任務需求的勝任力分析
資料來源：筆者繪製。

2) 職責 D1 的知識 (Knowledge of Duty D1)

知識 (Knowledge)	說明 (Description)	投票 (Vote)	重要性／% (Importance)	級別 (Level)
D1-K1	公司產品知識	7	9	2
D1-K2	RCNA	8	10	2
D1-K3	前端技術知識	15	19	3
D1-K4	資訊蒐集方法	21	26	2
D1-K5	競爭分析方法	10	13	2
D1-K6	寫作規範	8	10	2
D1-K7	風險評估方法	11	14	2

3) 職責 D1 的技能 (Skills of Duty D1)

技能 (Skills)	說明 (Description)	投票 (Vote)	重要性／% (Importance)	級別 (Level)
D1-S1	洞察力	17	24	3
D1-S2	協調能力	6	9	1

3）職責 D1 的技能
（Skills of Duty D1）

技能 (Skills)	說明 (Description)	投票 (Vote)	重要性／% (Importance)	級別 (Level)
D1-S3	客戶關係維護能力	8	11	2
D1-S4	判斷力	12	17	1
D1-S5	傾聽能力	6	9	1
D1-S6	學習能力	15	21	2
D1-S7	合作能力	6	9	2

第四步，依次展開分析，對本職位所涉及的每一項職責和任務進行分析，直到所有的知識和技能被分析、定義出來。一般來講，知識和技能的項目都會達到幾十個的級別，最後根據投票的重要性和經驗中的必要性，形成這個職位對知識和技能的要求。經過這個分析，該職位的知識、技能及職責履行中所涉及的過程都看到了（還存在另外一種可能，就是我們實際分析的不是一個職位，而是一項職能的全部職責和任務，這個時候就需要用不同任務難度級別來進行職級區分，這樣勝任力的要求也會下降，但最後往往也涉及取捨）。

第五步，根據這個分析結果向對應的員工提出要求，考察其知識、技能，並透過結果來考察其過程執行能力，以此對員工的能力進行評價，對組織中流程執行能力的情況進行收集。

以上五個步驟大概是大部分組織在推展員工職業生涯發展，利用勝任力模型時的基本步驟。

在考量員工勝任力上，日本豐田公司的做法值得關注。

第 5 章 向業務變革要成果

　　豐田公司有個說法叫「先造人，再造車」。在《豐田人才精益模式》（*Toyota Talent: Developing Your People the Toyota Way*）中，傑佛瑞・萊克（Jeffrey Liker）和大衛・梅爾（David Meier）對豐田的方式進行了追蹤研究，還將豐田的模式推廣到了其他行業。我們來看一個關於護士工作劃分的例子（見圖 5-6）。

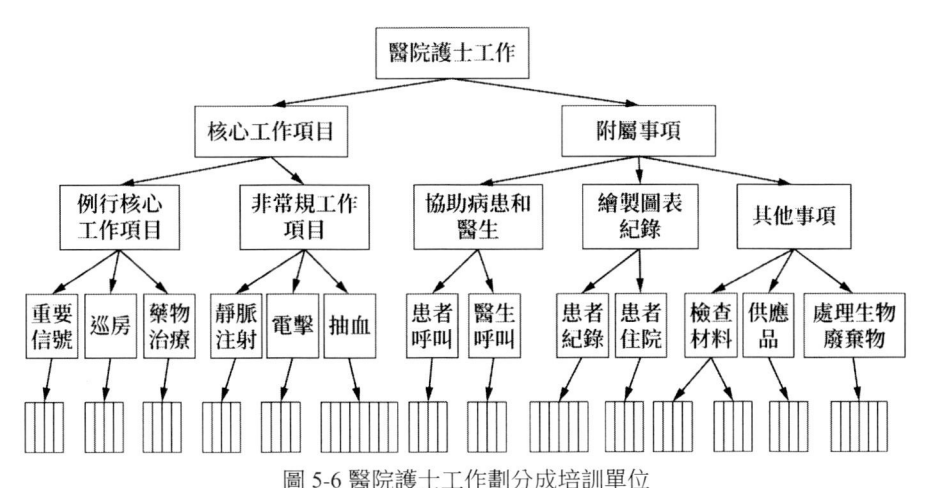

圖 5-6 醫院護士工作劃分成培訓單位
資料來源：筆者根據《豐田人才精益模式》改進繪製。

　　透過圖 5-6 我們可以看到，豐田方式的工作分析和西方普遍的工作分析不一樣，它只分析到具體的步驟，它不會專門分析知識是什麼、技能是什麼。它的關注只有一項：過程的執行能力和效果。下面我們就「靜脈注射」這一項來看它的工作分解表（見表 5-5）。

第二部分　實踐和機制

表 5-5 護士「在周邊血管打靜脈注射」工作任務分解表
資料來源：筆者根據《豐田人才精益模式》改進繪製。

工作分解表 日期：2023 年 8 月 8 日 工作場地：急診室 工作任務：在周邊血管施打靜脈注射 製表人：R. F. Kunkle	M. Warren	P. Kenrick
	小組領班	督導員
主要步驟	關鍵點 安全性：避免傷害、人體工學、危險點 品質：避免瑕疵、檢查點、標準 技巧：有效移動、特殊方法 成本：適當使用材料	關鍵點理由
步驟 1 穩住血管	1. 把血管上方的皮膚向外拉緊 2. 使用不常用的那隻手的拇指和食指	1. 避免血管滑動 2. 騰出常用的那隻手來操作導管
步驟 2 把針頭置於皮膚上	1. 注射針成斜角 2. 注射針和皮膚成 5°角傾斜	1. 更容易且更準確刺入皮膚 2. 刺入皮膚的正確角度

第 5 章　向業務變革要成果

步驟 3 以注射針 下壓皮膚	1. 把皮膚下壓 1～2 公分 2. 注射針和皮膚成 5°角傾斜	1. 使血管凸向注射針 2. 若角度過大，可能會刺入血管
步驟 4 注射針刺 入皮膚	1. 以平行於注射針的角度把注射針往前推 2. 繼續前推動作，直到感覺到輕輕的—「砰」，以及感覺阻力降低 3. 緩慢前推	1. 破除皮膚阻力，刺穿皮膚 2. 代表你已經刺穿血管壁
步驟 5 改變注射 針角度	1. 抬起針頭（把針筒向後壓低） 2. 注射針與皮膚平行	1. 使針頭斜傾向於血管上方，避免刺到血管反面 2. 使注射針對此刺孔，注射針比較容易推進
步驟 6 推進導管	完全插入直至「鬆緊帶」	「鬆緊帶」指的是每一種導管的適當深度，若插入得不夠深，可能會脫落

135

第二部分　實踐和機制

　　看了這個例子，我們不得不驚訝於日本人的精細化程度，也明白了為什麼以豐田為代表的組織能在生產能力方面超過美國和德國。因為它對過程能力的關注遠遠超出了美國和德國的相關組織。

　　回過頭來看，這正是東西方文化的不同之處。西方文化受「科學」發展的影響，對「分解」這個動作有執念，一定要分析並定義到具體的知識和技能，找到與績效強關聯的勝任力項目，這樣對於他們來講才是有基礎的。至於過程能力，他們更傾向認為這是員工的自由和責任，因此靠組織對工作成果的評價來評價人。這個方式與其文化假設是自洽的。

　　但東方文化與此不同！豐田方式受儒家傳統文化的影響，它一開始就提倡做人做事。這個做事就是過程執行能力。員工有了這個能力，過程便被很好地執行了。至於這個裡面的知識、技能，區分它反而在初期是不利於聚焦於執行的。那什麼時候去關注知識、技能，關注事情本身的 Why 和 What 呢？等你對這個事情精熟之後！

　　了解了這個文化的差異，對我們當前在組織中推行組織變革，提升組織流程執行能力和員工勝任力至關重要。美國和日本的例子對我們來講要吸取其精華，拋棄其不實用的地方。按照我們自己的文化，按照組織的場景，去推進員工的勝任力分析和發展工作。

　　上一節提到的 R 公司，採用了工作分析的方法，但只分析到任務之下的步驟。在步驟下面，對關鍵點和難點採用類似豐田的方法，獲得了不錯的效果，為了防止工作任務的標準固化，採用不斷比賽的方式來最佳化，也獲得了不錯的效果。

5.3 員工職業發展

上一節我們講到了勝任力分析。勝任力分析之後，根據不同職位的不同職責，員工的發展就變得更加清晰、可操作。這一節專門來講員工的職業發展。

5.3.1 從對任職資格實踐的觀察說起

說到任職資格，大家想得最多的是評審場景。在筆者的職業生涯中，親身經歷過兩類評審：一類評審是評審資料，評委們由主管各部門的大老闆們組成，參與評審的人員按照流程要求提交一系列的材料。在對材料進行陳述、覆核後，評委討論給予參加評審的人一個級別，一個其在其職位上被認可的級別。當然，其中評委們會有一些爭論，但只要有人能說清為什麼，評委們還是十分認可的，同時也會把這些評審的結論，特別是對他們發展的期望回饋給參評者。應該說這種方式很有勇氣，即花大力氣去評審，勇敢地去給予回饋。但這樣的效果如何呢？實事求是地說，這樣的效果微乎其微，除了獲評較高級別的人有心理滿足感之外，這樣的評審沒有發揮多大的員工發展作用。它更像是一種印證，因為它沒有關注在員工發展這個行為上，而是關注在評審這個行為上，自然員工也沒有被發展的感受，於是雖然評委們在評審上很用心，但對於員工發展來說，沒有做什麼工作，自然員工的獲得感低，對這項工作沒有認知。久而久之，評委也不知道該如何工作了。

對於大老闆親自當評委的情況都是如此，那如果大老闆對這個工作重視程度不高，又會怎麼樣呢？筆者恰巧遇見過這樣的情況，是一個世界 500 強排名很前面的金融組織。負責員工評審的 HR 就上一次幾個評

第二部分　實踐和機制

委參與評價的幾個高級別人才希望能有一個「協調後的更改」。這幾個評委互相沒有商量，獨立給出了自己的結果，通過或不通過，按照投票結果匯總來給出最後結果。當然，評委們不會輕易改變自己的觀點，HR只能為難地左右騰挪，最後他們還是會向外公布一個「公正、公開、公平」的結果，但這個結果在員工中的認知就很難講是公平的了。

第二類評審也是筆者親身經歷過的，對應第一類結果評審，它屬於第二類，是對員工工作職責中某項工作任務的實現過程進行評審。你沒看錯，是對員工工作任務的具體評審，這個評審有具體的參考流程，這些參考流程是組織經過最優實踐萃取而來，評審們的關注在兩個方面：

一個是你在執行任務的時候是不是理解了最優實踐的流程，特別是流程中的要點；第二個是基於你在的任務場景，是不是有了新的創新可以納入組織的最優實踐。每個職位的人大概要通過2～5個這樣任務的評審，才算達到了對應的級別。當然，由於有最佳實踐案例作為培訓和參考材料，員工在真實的工作中，也能夠向這些最佳實踐的編寫者們學習和請教，或者向評委請教。為了提高評委們的水準，每個評委率先通過了這些工作任務實踐的評審。

上面兩個例子，都是在說評審，所不同的是有的組織重視評審，有的組織不重視評審。有的組織在評審的時候只是就已經有的結果和案例，讓評委們根據自己的經驗給予評價；有的是要求提供材料，包括實現結果的過程，透過過程和結果去進行評價；有的是把評審嵌入到日常工作中，透過對每個工作任務完成情況的評審淬鍊組織的最優實踐，給予員工發展更加具體的回饋。

以上這幾個例子中的行為哪些是對的？哪些是有改進空間的？應該如何理解和做好員工的職業發展工作呢？下面讓我們先回顧一下任職資

格發展的情況，再來說說任職資格的為什麼——是什麼——怎麼做（Why-What-How）。

5.3.2 任職資格向外部學習情況

在勝任力分析和發展的章節，我們提到了麥克利蘭的勝任力，這是任職資格發展的一個重要研究基礎，在實踐上影響比較大。早期的任職資格基本上都是按照外商的方式在推展，勝任力分析部分和我們在上一節中的描述相同，大家看到的基本上就是結果了，分析過程一直很少流傳出來。但當我們在世界範圍看成功案例的時候，除了日本的人才培養模式，英國的國家職業資格，在英國也發揮了相當好的人才培養促進作用。

1997年12月1-15日，應英國文化部的邀請，英國文祕（Administration）國家職業資格認證體系的考察和考評員培訓活動，某公司作為參訪組織之一，由孫女士代表出席。她收穫很大，回國後便從文祕這個職位開始嘗試，後來擴展到其他職位。那麼孫女士帶回來哪些認知呢？從能公開查詢的資料來看，孫女士是這樣表述的：「一開始，我們只是狹隘地把它理解成文祕資格認證體系（類跟我們前面說的評審場景），但是經過幾天的考察，令我們眼界大開，感慨英國政府為提高全民素養所付出的努力」；「這套體系的意義，絕不在證書本身，而在於認證過程中人的品質的提升」。總結起來，有以下四點：

一是明確職業發展通道，幫助員工明確發展目標，進行職業生涯設計。英國國家職業資格證書（NationalVocationalQualification，NVQ）為每個職業設計了各級標準，每一級的能力要求皆有所不同。

二是建立任職資格體系，明確了各個職位的要求，有利於提高員工

的素養，激勵員工學習多種技能，有利於提高工作效率。

三是擺正考評者與被考評者的關係，在 NVQ 的考評中，考評者是導師，是教練，他們要承擔起指導、培訓、激勵被考評者的責任。考評的整個過程是以被考評者為中心進行的，強調被考評者的參與。

四是處理好考評結果與薪酬的關係，這是組織自己掌握的問題，不是 NVQ 要解決的問題，關鍵要看員工就職後的實際能力與貢獻，沒有把人的注意力有意引向薪酬待遇，而是更多地強調個人的成長和發展。

從以上四點來看，英國在這個方面的影響大是應得的，展現了英國的大氣和專業。某公司後來在任職資格體系建設上又結合了合益（Hay）的內容，形成了自己的風格。

綜上，從歷史的角度來看，一方面的實踐是按照勝任力模型來做，從職位的角度來看來，以美國管理實踐為代表；另一方面以國家任職資格為代表，以英國的實踐最廣為人知。英國的 NVQ 涵蓋了 11 個領域，800 多個職位。豐田的實踐應該予以足夠重視，畢竟它的工作任務分解方法是組織普遍需要而又不具備的。

5.3.3 任職資格的 Why-What-How

透過前面兩個部分了解了任職資格的現狀後，我們有必要來認識一下這個專業人員發展的基本工具，弄清楚它的定義和 Why-What-How。

首先來說 Why，即組織和員工為什麼要花這麼大的精力做這些事情呢？

對於組織來說，就是我們前面講的增強組織發展過程中的一致性，即大家對這個事情的預期要一致，明確。具體來說有四點：對每個職位

的不同階段（初做者、有經驗者、專業人員、專家、資深專家）履職要求進行門檻類定義，指出每個職位向上一級別發展的達標要求、路徑與方法；是有效支撐公司策略實現和組織設定的基石，是人力資源規畫的基礎要求；牽引每個職位上不同階段的員工向上一個級別不斷學習實踐，提高工作任務履職能力，提升個體績效；基於對員工職位履職能力的評估，可作為支付薪酬的重要參考。正是因為有這四個好處，組織才願意投入資源去做。

對於員工來說，任職資格是鏡子，能夠幫助自己找出問題；是量尺，能量出自己與標準的差異；是梯子，知道自己該往什麼方向發展和努力；是駕照，有新職位可以競聘。所以員工對有這麼一個明確的要求期望很大。有很多人認為年輕人不喜歡這些要求，筆者曾和很多年輕人聊過，他們都很喜歡，認為有明確的要求是最好的。

其次我們來看看它是什麼。這裡我們引用了 NVQ 的定義，任職資格是從事某一具體工作的任職者所必須具備的知識、經驗、技能、素養和行為的總和，是特定的工作領域內對工作人員工作活動能力的證明。為了更好地區分，它把職位都分成了五個級別，如表 5-6 所示。

表 5-6 NVQ 的職位級別
資料來源：筆者根據 NVQ 材料繪製。

NVQ 職級		定義
五級	Executives/Top Level 資深專家／權威	深入理解工作領域的系列知識，能夠理解且應對領域內棘手問題，且具備一定的引導創新能力
四級	Expert 專家	重點從完成工作任務轉到扎根具體工作領域，學習水準變得更加詳細和專業化，能夠將精力集中在某一特定領域的角色上

三級	Specialist 專業人員	從能夠做一些基本任務轉為執行更為複雜的任務，對應知識理解得更加深入
二級	Intermediate 有經驗者	掌握知識以後需要更加複雜的職責是實踐，同時更深入研究、應用所學的知識。該級別的候選人已經對工作任務以及角色有基本了解
一級	Entry level 初做者	掌握主題領域的知識，包括所需技能的介紹和簡單任務概述

看到這個之後，很多人很吃驚，說 A 公司有 20 多級呢？B 公司有 P11 呢？您是不是搞錯了？但你仔細看就能明白，這五類是根本分別，涇渭分明！是所有相對成功貫徹任職資格制度組織的一個必需的參考框架，只不過規模大的組織又在這個之下做了細分和一些向上的「名頭」擴展而已。

說完任職資格是什麼，再說說它不是什麼，以正本清源。首先我們要糾正的是，它不宜成為專項勝任力研究，而應該是基於過程履職能力的分級。筆者的建議是：一些職位需要「冰山下勝任能力」的，可以在篩選新人的時候來進行測試，以便形成預期；而任職資格我們希望把它看成是個員工發展系統，鼓勵員工利用優勢完成履職任務過程。任職資格也不是職級，雖然有些公司已經這麼做了，但是任職資格只是認定職級的若干必要參考項之一，它們兩個不能等同起來。

那麼任職資格在現實中應該是一個什麼樣的呈現呢？首先，它是一個職位標準，這個職位分級別來看其職責分別是什麼，完成每個職責對應哪些任務，這些任務的流程和標準是什麼。其次，每個任務的 Why-What-How 是什麼，對產出標準有什麼要求。最後，如何實現和公司流程的對接，如果我要學習，學習資料和對應的知識庫案例在哪裡。能做到這個清晰度，員工就可以參考著去學習和創新了。

做完一個職位之後，還涉及職位之間的比較，就是同樣的都是五個級別，誰高誰低呢？不同職位之間的比較我們一般稱為職位稱重，例如 Hay 就是按照知能水準、解決問題的能力、風險責任的維度來評價的。

弄清楚了 Why 和 What，我們再看看組織一般需要哪些步驟來進行，就是 How 的描述。

首先是設計任職資格發展通道和標準。一般包括四個小步驟。一是職業發展通道設計：橫向分類，基於屬性劃分職位類別；縱向分級，基於能力劃分職位等級。二是任職資格標準設計：任職資格標準設計是整個任職資格標準體系的重點和難點，需要確定任職資格標準構成，結合參考模型和公司實際，設定標準框架。三是對每一級要掌握的知識、行為標準（做什麼、怎麼做、做到什麼程度）進行劃分和定義任職資格認證設計：設計認證評審機構和評審流程。四是任職資格結果應用：與職級、薪酬、培訓等其他模組的對接設計。

其次是要有任職資格的管理機構，這也是很多組織的難點。因為主管還不夠用，哪裡會有業務專家專門去做這個的。這裡筆者提供兩個解法：一是成立虛擬組織，就組織能力建設最相關的職位先進行，不大面積推展，那樣耗費資源太多，可給予這些虛擬組織中的專家以名分和獎勵，再加上高層主管掛帥，是可以成功的。二是當跟著組織領袖打江山的老同事們精力不濟的時候，可以全職地從事任職資格的標準建立和資格評定工作，因為他們對工作熟悉，原本又是高階主管職位，影響力比較大，相當於把組織核心能力建設的工作交給了這些人。如果這個步驟實施得好，有可能帶來組織的第二春或第三春，這些人也可以成為組織的假想敵部隊。

再次就是公布評審的流程，讓員工知道提交哪些材料，在什麼時

第二部分　實踐和機制

候,需要做哪些準備工作,可以向誰來諮詢;規模大的組織還可以分級,高級別的是一個流程,低級別的是一個更簡易的流程,都可以。

　　最後是弄清楚評和聘的關係。評是專業能力的評定,由各個任職資格委員會來評審,給予員工在具體任務上的回饋意見;聘是人事決策,這個決策還是要按照人事決策的辦法來,建議權在業務部門手裡,監督權在職能部門手中,否定權在聘用職位的隔級上級手中。也就是說,任職資格是就職的門檻要求,是就職的必要非充分條件,目的是實現人職相配,支撐策略。實現在人力資源專業中,它的關係如圖 5-8 所示。

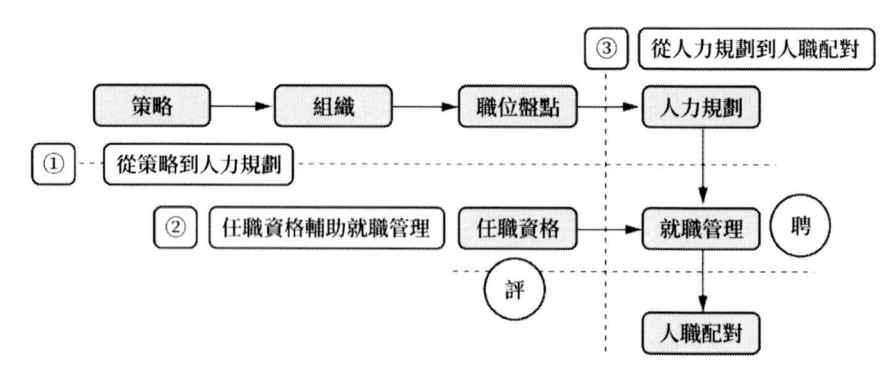

圖 5-8 任職資格評聘與策略、人職相配關係
資料來源:筆者繪製。

　　了解完以上內容,讀者就大致了解了任職資格應該如何在一個組織裡面實施。在這裡筆者想提醒大家的一點是,任職資格這個事情對組織成熟度是有要求的,是業務深入變革的必然。在這個成熟度級別,管理主體可以重新定義組織能力,並與重新定義職位同步,有了組織非常明顯的特色,是組織後續變革和演化的基礎,同時也要考察組織在等級 2 上的實踐是否合格。因為這個定義級別的實施會反過來要求組織的徵才活動、人才培養活動、溝通、工作環境、薪酬體系要基於它推展再造。

它不是一個單純的任職資格體系，它會成為公司所有人員工作的基礎。

對業務部門來講也是極大的挑戰。因為組織核心業務流程、工具、員工行為要重新打造；對於品質部門和經營部門來說，他們之前面對的指標要做一輪修改；對於 HR 部門來說，他們要成為業務設計的參與方之一；對於 IT 部門來說，他們的數位化系統要進行再造，原本的數位化系統要全面地更替。這些挑戰對於任何一個組織來說都是極大的，大家一定要從這個角度認識它的複雜度，有足夠的認知和困難準備再去撬動這個槓桿，當然它的紅利也是龐大的。

當公司開始運用整合度更高（或者可以說整合度更高）的流程標準、能夠快速地培養專家人才，建立人才團隊發展的組織保障，並在招募中能夠做到更精準和有效時，公司的整體作戰能力一定會有更大提高！

5.3.4 領導力的發展

上一節闡述了任職資格，本節簡單論述一下領導力發展，它是每一個組織都亟須的，且永遠沒有需求盡頭的領域。令人欣喜的是，近幾十年來，對領導力的培養，基本上有了比較成熟、一致的方法。

目前全世界的組織，無論是政府、非營利組織還是商業組織，對領導力都是極度渴望的。筆者到業務發展好的組織去訪談，業務負責人優先關心的話題是：我人才密度不夠，人手不足，以及我們剛任命的經理無法擔負起職責，能不能幫我們想想辦法（警惕這是講話的先生或女士自己領導力不足的表現）。

其實在領導力發展這件事情上，特別是在大型跨國組織這樣複雜的組織中，全球範圍內也是在近 30 年的摸索中才逐步地弄清楚了思路，當然我不否認在這個領域有些先驅，例如保羅・麥爾（Paul J. Meyer）、彼

> 第二部分　實踐和機制

得‧杜拉克。但看看和領導力發展至關重要的奠基性著作出現的時間，你就能明白一二了，彼得‧杜拉克 1966 年出版《杜拉克談高效能的 5 個習慣》(*The Effective Executive*)，史蒂芬‧柯維 (Stephen R. Covey) 1989 年首次出版《與成功有約》(*The 7 Habits of Highly Effective People*)，佛瑞蒙德‧馬利克 (Fredmund Malik) 2000 年首次出版《管理的本質》(*Managing Performing Living*)。也就是說，無論是美國還是歐洲，大家對這些事情在理論上想清楚，成為社會中菁英階層（先驅不算）的一個相對的定論，是最近 30 年左右的事情。

在商業中，從 GE、花旗銀行、馬士基再到各個組織實踐，有哪些具體的發現呢？且這些發現怎樣應用到其他公司的領導力發展上呢？

第一個發現是當幹部獲得晉升或調動後，需要完成的任務發生了根本性改變，且這個改變會衝擊管理者的基本認知，這個認知靠傳統培訓專業化的思路去實現管理理念和管理技能是不可能完成的。現實中重視幹部發展的組織 99.99％ 都困在這個問題上了，但是其中 99.99％ 的人都不信邪，都不願意嘗試其他的方法，他們更願意單純相信主持這個專案的人水準不行。

那到底是什麼樣的工作任務轉變呢？組織對領導力的需求，總計為四個層次，分別是：專業工作者之間的協同、讓員工有成就感、讓系統／過程有效率和讓組織有前途（見圖 5-9）。這四項職責應對的工作任務完全不同。

第 5 章　向業務變革要成果

策略領導力：讓組織有前途

營運領導力：讓系統／過程有效率

一線領導力：讓員工有成就感

專業工作者之間的協同

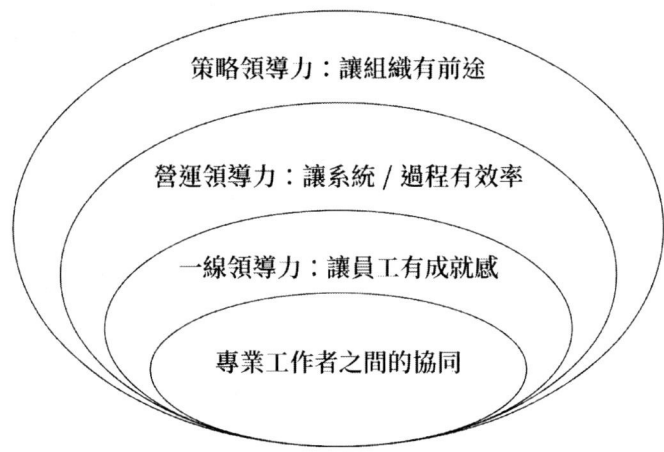

圖 5-9 組織對領導力的需求
資料來源：筆者繪製。

我們回到組織場景中來舉例子，當研究對象是一個員工的時候，他只需要自己努力，便能獲得成果，他可以透過自己學習，無論是內部或者外部，來提升自己的專業技術或能力，只要不違背公司的價值觀和制度就可以了（甚至違反了不被發現或有解釋的理由都可以繼續進行工作）。這樣的環境塑造了你的行為模式，當你還用相同的模式來處理不同的工作任務時，失敗就大機率降臨了。彼得・杜拉克提醒我們：「在新工作上使用舊模式是失敗最常見的原因。」

當開始作為管理者的時候，認知要發生哪些變化呢？

首先要關注的是：有不少的事情管理者需要透過別人獲得結果，而不是自己去獲得結果。有的人很難轉過這個彎，全球的管理者都容易在這裡犯錯。以前是自己做出成果得到別人羨慕和誇獎，成就感油然而生，現在是輔導別人獲得成果，還要誇讚他，這種心理轉變是不容易的。把塑造自己的成功變成去塑造他人成功是非常難的一件事情！這個轉變要刻意為之，至少要提醒他，必要的時候要輔導，使這個新上任的

> 第二部分　實踐和機制

管理者能夠幫助團隊中的每個人成功，還要想辦法融合、描述、呈現團隊的集體產出。

當他作為一個專業貢獻者時，別人會尊重他的個性，當他成為管理者時，別人會要求他公平、透明且言行一致，這會耗費管理者極大的精力。那這種情況我們如何來解決呢？杜拉克的答案是關注貢獻。所以每當這個時候，我們的新管理者要和上級、客戶去對齊，我想做以及你們需要我貢獻什麼。這些貢獻如何去衡量，我需要在什麼時候交付這些貢獻。然後再去問自己：我如何利用團隊實現這些貢獻，如何分工，如何對大家有意義，我們應該如何更好地利用時間和機制去達成這些成果。在達成這些成果的過程中我們還有哪些不足。把這些問題想清楚了，這個人基本上就可以說走上正軌了，這些新定義的任務獲得成效時，我們就說這個人成功實現了轉身。

無論是新任管理者，還是新調動的管理者或晉升的管理者，還是在一個新的策略年度，我們都需要問新任管理者幾個問題，並要求其書面作答，成為管理者關注貢獻的應用材料。你今年的新職位對應了哪些新角色？完成哪些職責才算履職了這些新角色，這些職責你想分解成哪些任務？達到什麼樣的定量或定性的指標，透過哪些方法或機制來完成這些成果？將這些問題在組織中對齊，然後轉換成內部團隊的行動項和指標，把時間全部安排在這些對應貢獻的事情上，就可以了。

所以這個方法很簡單，就是要求的貢獻轉變了，要把它首先定義（工作價值觀、職責、任務、成果）出來，然後把時間用在貢獻上，再根據這個貢獻需要的成功去排兵布陣，協調資源和活動。用杜拉克的話來說就是重視貢獻、要事優先、時間管理；引用《領導梯隊》(*The Leadership Pipeline*)中的話就是工作價值觀、時間配置和管理技能的改變。可

第 5 章　向業務變革要成果

能有很多種說法，在現實中，只要抓住這個要點，管理者晉升、多職位輪換的發展是完全可以成功實現的，如果在這個方法下沒有實現，你換掉相應的管理者，大家也是信服的。

讀者此時要問：管理者發展只有這一條路嗎？這是個基礎方法，從 CEO 到個體都可以用。但無法解決一類問題。如何透過協同不同部門的工作來提升系統效率？這個系統可能是一個產品的全生命週期開發，可能是一個區域的客戶開發，也可能是一個新行業的開發，還可能是組織的供應鏈能力提升等等。如果更認真一些來看，替這一類內容根據組織規模和業務做分類和分級都是可以的。跨部門協同這類問題不在垂直職能職權之內，而是在其外，要靠橫向拉通來解決問題。需要強調的是，領導力發展專案往往能解決這裡面的流程和協同問題，還有創新問題不是領導力能解決的，但流程和協同的解決有助於看清楚需要的創新是什麼。所以一般情況下，這些領導力發展的專案是可以實現全面解決問題的，畢竟解決問題的主體是具備專業知識的人。這類發展的專案在 GE 叫群策群力（WORKOUT），在市場上，大部分叫行動學習。就某一個明確的問題進行描述、界定、選出可改進項形成改進方案，現場決策，推進和覆盤是基本流程。這個過程就是要打破部門牆，提升系統效率。對於公司非常重要的流程，要設定對應級別的高級主管來負責。這裡有一點要注意，流程本身的品質要關注，幾個人或幾個團隊能碰出來一個基本可用的流程，但無法做出國際標準的流程。

如果前面兩層管理者發展做得比較扎實，那麼公司核心決策層的發展也可以按照上面的兩個方法來。但實際情況是核心決策層成長起來的時候沒有多少組織有如此健全的發展機制，因而導致他們還是需要幫助，這個幫助在上面兩類專案的基礎上，還可以透過向外走訪、自主學

第二部分　實踐和機制

習和教練等方法來實現。當然，有的組織為了核心高階主管做策略專門設定了資訊收集和專題研究的職能，這也是很好的實踐。透過這樣的方式，基本上能有助於組織的核心決策層看清楚組織的方向，照顧好組織的前途。

這裡需要提醒的是，空有管理者的發展動作是不夠的，一定要把人才盤點流程做起來，只做發展，沒有盤點，這些發展的結果沒有辦法有效利用起來；只做盤點，沒有品質的持續提升，那就墨守成規了。我們要特別關注的是，領導力發展的案例在內部傳播的影響是強大的，因為它的應用性最好。一定要花大力氣在內部塑造這樣的領導力案例，長此以往，能幫助組織形成領導力的品牌。只要這個組織還有足夠的領導力，沒有什麼競爭對手敢忽視它。

由於管理者的特殊性，我們將其單獨列出說明，指明其轉身成功的方法，這些方法是經過東、西方組織實踐證明的，是行之有效的方法，是一個組織發展所必須經過的道路。

5.4　工作組（團隊）發展

當組織需求的勝任力被分析，員工勝任力得到發展之後，會對團隊的發展造成什麼影響呢？首先，由於公司的核心流程率先被分析，因此基於這個流程如何配置專業人才變得清晰起來。

例如在前面的案例中，首先，產品經理被分為規畫經理、管理經理和拓展經理，並根據職責、任務的不同分為 5 個級別；其次，在員工實際的工作中，他們可以根據公司提供的任務流程標準進行剪裁乃至創新；再次，由於建立了標準，這些專業團隊的績效更容易被確定；最後，在人才招募、工作安排、員工獲取發展機會方面都會更加清晰。

我們透過例子來闡述，這個時候的工作組與沒有進行勝任力分析之前的差別。我們還是拿 IPD 流程來舉例，如圖 5-10 所示。

需求收集與分析流程是規畫經理的幾個任務，規畫經理團隊內部可以根據員工勝任力不同來分配不同級別的需求任務，且能夠保障成果產出的品質。版本規劃流程和日常營運監控都是如此。

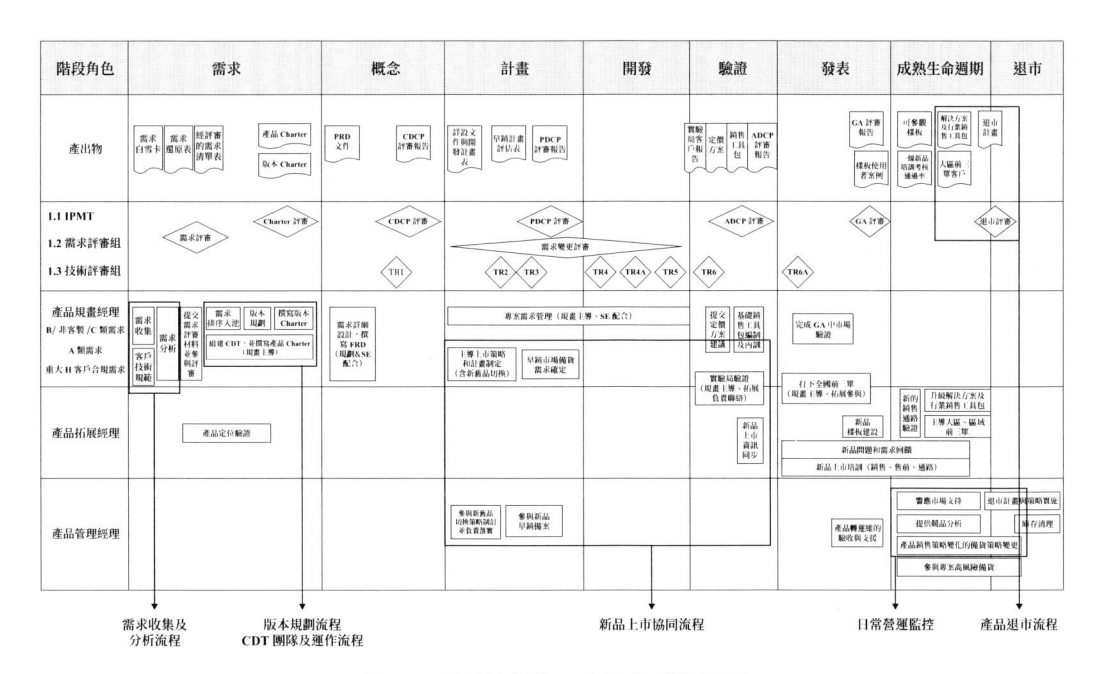

圖 5-10 基於流程的工作組（團隊）開發
資料來源：筆者繪製。

在團隊外，例如新品上市流程，涉及規畫經理，拓展經理和管理經理三個職位。在之前沒有進行勝任力分析時，可以靠指定一個專案經理來指揮；當勝任力分析完畢後，員工按照步驟執行流程就可以，什麼時間開始，什麼時間結束，品質標準是什麼一目了然，因此不同職位之間的協同就更高效了。

第二部分　實踐和機制

從產品經理拓展到整個公司，供應鏈、技術服務、財務都可以根據產品整合開發的要求來完成自己的任務。這個時候，組織整合開發的能力提升了，但從專業領域看，是各專業人員的流程執行能力和掌控成果的能力變強了。這個時候我們就說工作組本身得到了發展。

5.5　等級 3 的組織

本章首先從一個 IPD 應用的專案說起，這個專案的第一次應用過程很有代表性，是我們在組織變革中經常見到的情景；但第二次專案實踐是一個結合東、西方流程變革、勝任力實踐的優秀案例。基於這個變革，R 公司在相當程度上實現了「產品領先」，支持公司在三年內業績翻倍。這和組織建立起來從市場洞察、需求分析到產品規畫和拓展的能力是分不開的，這個組織在產品經理職位上嘗到甜頭後，行業行銷職位也如法炮製，大大提高了組織的創新和行銷能力。

其次我們對勝任力分析進行了特別的描述。希望讀者了解到，分解知識、技能和過程能力，是基於科學的視角，基於西方自由與責任的實踐；日本的方式也很好，它聚焦於過程能力的提高。基於目前組織的階段，筆者特別推薦研究日本豐田的取勝之道。在這些國家實踐的基礎上創新，是我們的取勝之道。勝任力分析之後，發展是水到渠成的事情。

在員工職業發展方面，我們了解了美國、英國的實踐以及它們對中國的影響，了解了它的 Why-What-How。我們要了解到，沒有業務的深入變革，就不可能有更多人的發展，因此這兩個是一體的，也是「向業務變革要成果」的原因。

在勝任力分析和員工職業發展的基礎上，工作組（團隊）本身的發展比以前更加清楚，有路徑、有依賴，使得組織和團隊的效率進一步提高

了。我們要了解到，勝任力分析的結果不是一成不變的，而這個變化出發點就在員工的實踐中，在員工之間的協同中，在團隊之間的協同中創造了更好的方法，這些都是我們要去持續收集和更新勝任力的方面，也是持續業務變革所需要的。

勝任力分析之後，人力規畫得以用人員勝任力作為基礎，實現可以量化的目標和過程管理。

具備勝任力的人員開始具備專業決策的權力，知道如何去準備決策，實施決策以及有哪些人應該參與決策。另外，由於勝任力分析，之前的招募與配置、薪酬、績效、培訓與發展都因為這個獲得了重構，由於這個重構，這些領域的流程效能也得到明顯提高。

當員工具備勝任力，當組織的過程執行能力提升，一定會更好地達到目標。世界是變動的，組織深入變革之後，不是變得死板、官僚，而是有基礎地應對變化的世界，在變化的世界中快速適應變化，創造成果。

5.6 行動起來

當讀者讀完這一章，回到實踐場景時，首先要問自己的問題是：如果我所在的組織或團隊，基於當前的內外部狀況，在未來 3 年左右的時間內，要打造一項核心競爭力，它將是什麼？圍繞這個問題，在組織內外調查研究、學習，以流程（營運需求）來確定，選定專案經理，組織領袖作為發起人來組織組織能力打造的標竿專案，以這個專案為主線，來帶動組織的協同。在這個過程中，不斷地接納、創新、設計、疊代，找到組織變革的應用模式。

這個過程其實是兩個過程在執行層面的統一。首先是流程的設計，

第二部分　實踐和機制

業務變革要求流程在高效的基礎上，設計出具體的執行步驟，而這些步驟將對應到具體的職位，形成職位工作必須履行的工作任務標準。在這種情況下，員工的過程能力和流程的要求才完全符合，組織的創新才有了一個基礎框架。

從人力資源的角度講，組織一旦開始勝任力分析，就開始了組織核心競爭力建設，核心競爭力是從系統外往內看，是在市場競爭中和客戶體驗中表現出來的優勢。因此它必須是組織資源密集投入的領域，只有這樣密集的投入，客戶和使用者才感受到了我們和競爭對手的不同，才會不斷地傳遞回組織，才能讓組織持續地增加投入，形成更強的核心競爭力。

第 6 章　用能力適應變化

6.1　一個優秀 TA 團隊建設案例

這次我們要講 W 企業人才獲取（Talent Acquisition，TA）團隊，了解他們在高階人才獲取方面的實踐。筆者訪談他們時，他們正在慶祝招募的又一次勝利。

事情是這樣的。隨著公司業務的發展，公司在回款、智慧財產權方面都遇到了一些商業糾紛，在 2021 年春天集中爆發出來。公司負責法務工作的經理無法勝任這樣的工作，於是主管法務的領導者找到了 HR 負責人與 TA 團隊的負責人，要求迅速找到有能力幫助公司在現階段及未來在激烈的商務競爭中立於不敗之地的法務負責人。

主要要求有三個方面：一是對業務全流程合規有經驗，包括 ToB、ToC 的銷售、採購以及內部合規建設；二是有足夠的能力和資源應對公司的法律糾紛；三是要有帶團隊的能力。

雙方於 3 月 12 日上午就上述需求達成一致，主管法務的領導者要求用最有實力的獵頭在最短的時間內招募到位。HR 負責人拒絕了，讓 TA 團隊在內部安排了一名招募專家來負責此事。

3 月 12 日下午，HR 負責人與 TA 團隊負責人一起與招募專家 H 核對了需求，當天 H 根據需求在企業的人員庫和外部網路上進行了搜尋，並鎖定了具備上述要求經驗的人員名單，初步溝通了 10 人左右。

按照行業、經驗要求於 3 月 15 日推薦了 3 份履歷，3 月 17 日、19 日、20 日緊急安排了三輪面試，選中候選人 1 名。3 月 24 日發出錄用通知（Offer），人選於 5 月 4 日入職。候選人雖然是空降的高階主管，但

第二部分　實踐和機制

後期很好地幫助企業處理了商業糾紛，為組織爭取了數以千萬元計的利益，並且對組織內部合規的建設也貢獻頗大。

看到這個例子，筆者詢問他們是不是按照網飛的經驗在組織內部組建獵頭公司，W公司說他們只是建立了一套高階人才招募流程體系，凡是需求呈到我們這裡，必須給一個答覆出來，市場上存在這樣的人員就及時招募入職，沒有合適人選我們也會及時回覆。按照這個方法，組織的高階人才3個月招募到職率維持在92%，目標是提升到98%。在筆者的要求下，W公司的TA負責人D向我們介紹了他們招募管控的全過程。

他們將招募流程分為四個步驟（見圖6-1），分別給出操作的工作任務分解表，對每個環節提出了要求。

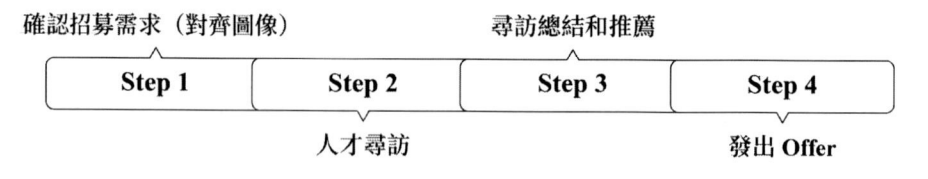

```
確認招募需求（對齊圖像）          尋訪總結和推薦
  Step 1    │   Step 2   │   Step 3   │   Step 4
               人才尋訪                   發出Offer
```

圖6-1 四個一人才尋訪法
資料來源：筆者繪製。

步驟1，對齊畫像1個小時：確定招募標準。

步驟2，1天內完成所有線上尋訪：確定線上資源或線索。

步驟3，1週內打開線下尋訪和第一輪推薦：進入真正的專業人才圈。

步驟4，1個月內發出Offer：人員到位。

第一步，他們完全按照勝任力分析的結果去進行招募，對招募職位的業務需求有非常清楚的認知。如果這個職位還沒有勝任力分析，就幫助業務主管和專家進行一輪簡單的勝任力分析，1個小時內完成。確認基本的職責描述、工作任務、任務步驟關鍵詞，確定其職位描述關鍵詞。

第 6 章　用能力適應變化

　　第二步是就勝任力分析內容，按照不同的關鍵詞（定義問題的能力；確定關鍵詞的層次，處在哪個抽象層次）組合在組織內外的資源庫進行搜尋與即時配對，就搜尋的內容在 1 天內形成結果。為此組織進行了人工智慧（Artificial Intelligence，AI）功能部署，上線了摩卡招募系統（Moka）予以支援。1 天內，招募專家基本能夠搜尋到所有線索。如果有需要，招募專家可以以公司名稱、職位名稱為單位向招募營運人員索要組織現有的人才地圖，由 Moka 系統即時給出來了解競爭對手的職位分布以及該職位的市場人才分布情況。這個地圖是根據知識圖譜技術即時更新的。

　　在 1 天內搜尋完畢之後，好的情況是招募專家已經可以進行推薦了，他們的推薦標準是 3 份，這個數量和結構能夠讓面試官了解市場上現有人員的基本情況。有時線上並沒有什麼履歷，這是招募專家經常遇到的情況，這個時候他們就要依靠自己的圈子；有時候連圈子都沒有，他們就開發了從線索到人選的具體步驟。如果到了這個地步仍沒有，他們會將市場情況和搜尋資料如實地向業務部門回饋，並共同商量如何調整畫像或者關閉需求。一般情況下，按照這個步驟，一週內就可以推薦履歷出來，最多再重複操作一次。

　　用人部門的負責人都按照招募優先的原則安排面試，這樣一般情況下 2～3 週內面試就結束了，具備一個月內發出 Offer 的條件。

　　當然，實作下來，流程的效率是 3 個月到職 92%，1 個月的 Offer 發出率是 50% 左右。他們定期就自己的優秀案例和困難案例進行交流和總結來持續改善工作任務操作指南，制定持續的改進目標。這個團隊和業務部門建立了非常好的信任關係，對公司策略的應用促進極大。

　　這個例子首先告訴我們，W 組織是有一個招募流程的，這個流程的

第二部分　實踐和機制

步驟透過工作任務分解形成了操作指南，有了流程執行情況的基線，他們就基線水準不斷提出高的流程執行能力要求，持續鍛鍊招募專家的能力，透過與需求部門的協調，建立更快的反應機制。而這個反應機制，對組織快速應對市場變化發揮了非常重要的作用。無論是案例中法務負責人的到來幫助組織合法、合規地爭取商業利益，還是諸多中高階管理者、技術人才的到來幫助組織策略應用，都是因為這個組織有了一個可以信賴的流程能力（專業化、流程化、標準化、系統化的組織能力），這是組織應對變化的基礎。

下面，我們對三個專業領域進行闡述。

6.2　導師

導師制度其實有很多的實踐案例，德國亦有著名的「師徒制」，之所以在等級 4 才來講導師，是因為對導師的要求有了本質性的變化。

從時間上來看，要求導師從 3～5 年帶出成熟的徒弟改成了 3 個月左右帶出能勝任工作的徒弟；從效果上來看，從更多的徒弟觀察、模仿發展到標準化指導，人員培養的品質得到提升；從範圍上來看，從原來的關注個人成長，擴展到關注個人成長、勝任力資產建設、專業團隊成長以及過程能力持續提升與整合。

在個人培養方面，導師仍然是指那些培養初階者掌握任務執行能力的人。這時候，導師要講解、要答疑，要看初階的學習者講解，看他們實際做一遍，再給出建議；若有機會再請他做一遍，輔導他就實踐的任務形成總結文件，提交到委員會組織去答辯，答辯通過之後，這個任務總結成果就屬於他們兩位，一個執行者，一個指導者，進入組織對應任務執行總結下的資產庫。這個時候，導師針對這一個任務的指導就算結束了。

第 6 章　用能力適應變化

　　每個職位、每個任務都會產生很多需要歸納總結的任務。導師個人指導是第一個環節，評審委員會的回饋是一種導師集體回饋的形式，也就是說評審委員會也都具備導師的條件，都知道這個任務設計的 Why-What-How。

　　他們不僅要評審員工個人提交的內容是否合格，還要指出哪些地方有改進空間，哪些地方是創新。改進的意見一併納入資產庫，對創新可取之處，導師們要納入到組織級的標準中去，以便更多的人來參考、學習。只有這樣，組織中基於重要流程執行的過程和結果才被完整地整合到資產庫，其他人才有學習的機會。因為這些都是組織實實在在執行的、被組織認可的案例。一旦組織把員工的過程執行能力當作任職資格考察的必要部分，員工也就有了上傳到資產庫的動力，資產庫的更新和品質才能得到保障。當然，導師們也要根據員工的實踐，定期地去維護和更新資產庫中的標準文件。

　　在組織中，有的團隊工作出色，有的團隊工作相對差一些，這個時候導師也可能被委任來幫助工作相對較差的團隊來提升他們的過程執行能力，看看差距在哪裡。有可能是團隊不重視，認為標準歸標準，習慣歸習慣，這個時候導師就要耐心地去做解釋工作，必要的時候提出嚴格的要求。

　　團隊如果沒有掌握好的方法，導師便應該將優秀團隊的做法傳授給他們；也可能是組織現有的標準對新業務適用性沒有那麼高，這個時候就要將這個資訊與標準建立的委員會協商，看如何確定新的標準。總之，這個時候導師應該有方法、能力或機制來幫助團隊或專案組來提高任務執行能力。

　　有了人的發展、資產庫的建立和團隊的輔導，組織的最終目的是要

執行的結果，例如組織希望新品及時上線率要達到100%，新產品營收預期達成率不低於60%，這些都是要根據組織現有的基線，提出新的挑戰目標。因循新的目標，到流程具體執行環節去尋找答案。但無論如何，這個時候有了組織執行過程能力的基線，就有了可以預測的基礎，也可以去確定挑戰性的過程目標，進而達到支持組織績效達成的目的。

除了從個人和團隊視角來看待勝任力之外，導師還經常會幫助處理不同團隊之間的勝任力整合。例如我們在前面提到新品上市是一個不同職位間的協同過程，這個流程其實是需要加以設計的。比如需要有相關領域知識的導師去萃取經驗，設計新的流程，使之從專案經理指揮、不同團隊間協調上升為基於既定流程的協同。這是導師工作中另外一個提升組織整體能力的重要部分。

綜上，在這個階段，導師成為組織專業領域的權威。他們組織工作標準制定委員會，透過評審機制向員工回饋其執行情況，完善勝任力資產庫，指導團隊、個人過程執行能力的提升，提出有挑戰性的過程執行目標、整合不同勝任力之間的協同。因此，導師成為組織的專業權威，成為有整體視角，對組織績效有切實影響的「超級主體」，並與管理職能一樣，成為為組織可持續發展保駕護航的機制和理性制度。這個時候組織權威需要對導師制度加以重視，平等對待相同級別的專業人士和有實權的管理者。要建立機制，有機協同導師和管理者之間的任務互動，支持組織中的成員多線發展。

6.3 賦權的工作組（團隊）

上一章我們講到工作組開發，是指專業人員過程執行能力提升後，團隊能力得到了開發。這一章在之前的基礎上，講賦權的工作組。什麼

第 6 章　用能力適應變化

是賦權工作組？它是指賦予團隊職責和權力，讓其決定如何最有效地推展自身的業務活動的管理機制。我們透過一個例子來了解。

L 先生在一家高科技企業擔任產品經理。他最近為一件事所煩惱：

他主導的軟體產品在過去半年內雖然賣出去不少，但銷售額卻為 0。仔細分析原因以後，他發現其產品定價是 5 萬元，由於行業原因，實際售價基本上是定價的 1 折，也就是說他的軟體產品實際價格是 5,000 元，而銷售的方式是與硬體產品形成解決方案一塊銷售，在這種情況下，硬體產品賣得非常好，市場占有率超過 70%，但作為軟體產品管理經理，他們團隊開發的產品往往作為贈品被銷售人員免費送給客戶，因此他的團隊收入為 0。

在這種情況下，他和團隊一起分析原因，原來是定價方法有問題。於是他求助於知識庫，發現公司推行的定價原則中，第一個原則是價值定價，就是按照客戶給出的期望價值對應的價格來定價。於是他開始調查研究客戶，問客戶類似他這個和硬體捆綁銷售中的軟體應該值多少錢。幾個客戶的回答都是在幾百萬元這個級別。於是他回來向產品管理團隊提出定價上調變更需求。由於這個變更符合要求，團隊按流程執行了這個要求。結果在短短一年內，這款軟體產品獲得了 3,600 萬元的銷售額，實現了由硬體產品獨贏，到客戶、軟體、硬體產品多贏的局面。

基於此，這個團隊整體學會了如何把定價作為一種競爭手段來獲取市場成功的方式。有了這樣的能力儲備，即使後來出現因美國「卡脖子」帶來的晶片供應不足情況，該團隊都能夠透過及時的補救措施以及靈活的價格管理方式，遊刃有餘地應對環境的不確定性。

從這個例子可以看出，一旦團隊掌握任務的專業方法，快速反應以及被合理賦權，那麼其戰鬥力是爆棚的。反過來看，如果按照已有的流

第二部分　實踐和機制

程要求去做，不是具體問題具體分析的話，即對新問題用老辦法，不去賦予權力，那麼團隊從前線獲得的有效資訊，就無法和組織需要補齊的能力建設進行有機結合，前期的過程執行能力建設和資產庫建設，就會毀於一旦了。

賦權不是一味地放權，而是要求組織中的管理者、導師分辨具體情況，用開放心態與前線聽得見炮火的同事，共同分析資訊、掌握客戶真實需求，並予以及時回饋、配備資源和提供支援。

6.4　組織能力與定量的管理績效

勝任力是指員工的知識、技能和過程能力，最終表現在其執行過程獲得的結果；而所有員工勝任力協同起來，執行的是組織的流程，組織的流程被執行，組織獲得的成績結果就被可預期地確定下來了。

因此，有了員工的勝任力分析和發展，在組織內部就會建立起勝任力架構，形成勝任力資產。當我們想去影響組織的績效時，就有兩個途徑：其一是增強人員的能力，其二是想辦法增強流程能力。無論是透過流程的重新設計還是透過不同流程間協同效率的增加。這個時候與等級較低時不同，員工執行流程能力的資料是已知的，組織干預員工提升過程執行能力的行動也是能夠被預測的，組織流程執行的基線是明確的，因此這個時候組織的績效往往都是可進行定量統計的。基於此，組織在管理的因和經營的果之間建立起了穩態的關係，並能夠支持企業組織穩態地、連續地內生成長！

首先從組織的績效上來看，組織需要哪些關鍵流程執行達到什麼結果是可以明確的，因此可以分解為流程基線和期望的差距，這個時候組織流程的績效目標就量化了。

其次看流程是否存在協同和重新設計的空間，如果存在這樣的空間，流程協同和重新設計可以作為任務委派給組織內具備導師資格的人，由委員會來評審，這個流程可以被有效地調整、執行，並達到預期。

最後看員工勝任力發展方面的缺失和導師資源的情況，形成組織在達到既定目標過程中的能力建設專項。

綜上，組織績效目標的實現過程轉變成了流程、人員發展等一系列連續的、可以預測的過程。這個時候，我們就可以說組織能力達到了適者生存的狀態，是值得信賴的，組織的績效可以實現從目標到行動的量化管理。

6.5 等級 4 的組織

本章從一個 TA 團隊的例子開始，讓讀者了解到組織能力是組織應對變化的關鍵所在，而組織能力建設是在組織深化變革的基礎上建立起來的。這些變化不僅受技術因素的影響，往往還受到政治和經濟因素的影響。有些組織在這些變化中消亡了，而正是日常注重組織能力建設的組織才能夠在各種變化中適應變化。

在等級 4 的組織中，有 3 個專業領域：導師、賦權的工作組（團隊）、組織能力與定量的管理績效。這裡是一個遞進關係，說明組織在進行變革的時候，變革順序很重要！首先要對有能力的個體進行賦權；借助於導師制度，對有能力的團隊進行賦權。與此同時，再用定量的組織能力和績效目標去牽引協同力，形成組織內部的成長張力。在這個部分，我們沒有去專門講基於勝任力的資產和勝任力整合，這是因為沒有導師就沒有這兩個專業領域的有效推展，沒有賦權的工作組，勝任力整合就不

第二部分　實踐和機制

存在應用的基礎。筆者的觀點是基於人力資本管理，注重組織活動沉澱為組織資產，因此我們首先關注的是聚焦投入的方式和領域，這4個領域的成功，會使勝任力整合成為現實，會產生高品質的基於勝任力的資產。

6.6　行動起來

當讀者讀完本章，回到實踐場景時，我們首先要問：如果我想進一步地激發核心競爭力，有哪些人和團隊是要去進一步激發的，進而能在組織能力和定量的績效方面幫助組織提升到新水準？

首先我們要去找到專家，專家在組織內外有顯著的影響力，對外影響客戶的專業選擇，對內影響個體、團隊、流程和組織資產庫。這樣，組織個體的發展、專業團隊的績效、流程的基線都會明確出來，組織、人力資源、流程就可以更多用量化的數字來描述，有了專業領域的「駕駛艙」。

在這樣的專業建設基礎上，組織就會更好地適應客戶需求，「心中有數」地應對市場和客戶的需求變化。這樣，各類專業團隊才能具備專業領域的影響力和決策權，挑戰更高的績效，應對不確定的未來。

第 7 章　向創新要未來

7.1　Google 的創新

Google 在全球公司的創新中享有盛譽,從無人駕駛汽車到 Google 眼鏡,無不是「大想法」。從員工創新上來說,Gmail、Adsense、語音服務 Google Now、Google 新聞和 Google 地圖等都是 20%時間的產物。有如此創新成就的公司,他們是如何做到創新的呢?

Google 認為,如果產品只是滿足了消費者提出的需求,那就不是創新,而只是做出回應。Google 認為創新的東西不僅要新穎、出人意料,還要非常實用。

Google 每年都會對搜尋引擎進行 500 次以上的改進,這些改進都很新穎又出人意料。把所有改進加起來,就可以稱得上「非常實用」了。Google 搜尋引擎之所以每年都能獲得重大的進步,靠的就是一步步地累積。

在 Google,創新之前有三個評估標準:第一,這個想法必須涉及一個能夠影響數億人甚至幾十億人的重大挑戰或機遇。第二,這個想法必須提供與市場上現存的解決方案截然不同的方法。第三,將突破性解決方案變為現實的科技必須具備可行性,且在不久的將來可以實現。以下是 Google 在創新實踐上遵循的原則。

(1)執行長必須兼任首席創新官。

創新不能靠傳統 MBA 式的管理方法。與常規業務不同,創新不可掌握、無法強制,也不能事先安排。換句話說,創新的開發應該是一個湧現的、自組織和有系統的過程。一個個想法冒出來,好似在一片原始

第二部分　實踐和機制

混沌中產生基因突變一樣。經過漫長的過程終於實現蛻變。比較強大的構想不斷吸引支持者，勢能越來越大，而欠佳的構想則會被半路淘汰。

(2) 聚焦於使用者。

在網路時代，使用者的信賴與美元、歐元或其他任何貨幣一樣重要。要讓組織獲得持續的成功，除了依靠產品品質以外別無他法。因此，Google 的產品策略，就是聚焦於使用者。

聚焦於使用者，賺錢便水到渠成。如果你的使用者不是你的客戶，而你的客戶又不認同你「聚焦於使用者」的觀念，那麼就很難做到這一點。Google 2012 年收購摩托羅拉。在產品評估會上，摩托羅拉的經理反覆提及客戶需求，實際上卻與手機使用者的真正需求相去甚遠。原來在摩托羅拉，「客戶」指的並不是手機使用者，而是指公司真正的客戶，也就是手機營運商。

在 Google，使用者就是使用我們產品的人，而客戶則是花錢投放廣告以及購買我們技術使用權的公司。這兩個群體之間很少會出現衝突，如果出現矛盾，我們還是會以使用者利益為重。這是所有行業都必須遵從的做法。現在，使用者比以往更強大，再也不會為劣質產品買單。

(3) 往大處想。

艾瑞克 (Eric Schmidt) 和賴利 (Larry Page) 在 Google 產品評鑑會上經常會用「你想得不夠大」這句話來刺激工程師和產品經理。這句話後來被賴利·佩吉用「把想法放大 10 倍」取而代之。這兩句話可以幫助人們從老舊思想中跳脫，包含著把不可能變為可能的藝術。

毋庸置疑，往大處想的思考方式賦予了創意菁英更多自由，解開了羈絆，激發了創意。除此之外，賭注下得越大，成功的機率往往也越

大，因為組織無法負擔失敗的損失；如果你下了一連串較小的賭注，沒有一個能威脅到組織的安危，那麼你便有可能以平庸告終。

Google 收購摩托羅拉以後發現，這家公司擁有幾十款不同的機型，每款都以市場研究劃分的特定群體為目標，這樣其實導致了產品的平庸。相反，iPhone 之所以能獲得如此高的人氣，正是因為蘋果公司每階段只推出一款手機。如果新一代的 iPhone 研發遇到什麼問題，想不出解決方案，團隊中的任何人都不會回家，因為每一款產品都「輸不起」。

此外，較大的問題通常也較容易解決，因為挑戰越大，越能吸引頂尖人才。優秀人才能夠解決問題，又能從中得到滿足。把極大的挑戰交給不合適的人，你就是在製造壓力；而選對了人，你就是在播撒快樂。

(4) 70／20／10 原則。

Google 的 70／20／10 資源配置原則是：將 70％的資源配置給核心業務，20％分配給新興產品，剩下的 10％投在全新產品上。

70／20／10 原則是確保核心業務占有大部分資源，蓬勃發展中的新興業務可享受一定的投資。而與此同時，異想天開的瘋狂構想也得到了一定的支持。10％的資源並不算多，但也合理，因為如果在新的理念上投入過多，一旦後期失敗，大家會更不甘心。同時，這種強制性限制條件更能激發在生產和銷售方面的創新，「資源上的稀缺，是激發創意的催化劑」。

(5) 20％時間制。

Google 的「20％時間」工作方式，是允許工程師拿出 20％的時間來研究自己喜歡的項目。但是，許多人都對這個概念有誤解：該制度的重點在於自由，而不在時間長短。其實，與其說 20％的時間，不如說

第二部分　實踐和機制

120%的時間更合適，因為這個時間往往都會安排在夜晚和週末。

20%時間制最為寶貴的地方不在於由此誕生的新產品或新功能，而在於人們在做新的嘗試時所學到的東西。絕大多數的20%的實踐項目都需要人們運用或磨練日常工作之外的技能，也經常需要他們與工作上不常打交道的同事相互合作。即使這些項目很少能夠演變為令人眼前一亮的新發明，卻總能產生更多精幹的創意菁英。

(6)創意無處不在。

認為創意只能出自公司的員工是最危險的謬論。創意無處不在，創意有可能來自公司內部，也同樣有可能來自公司外部。

我們的地理團隊在繪製世界地圖時，研發了一款叫做 Map Maker 的地圖製作工具，讓任何人都能夠完善 Google 地圖資訊，一個由草根製圖者組成的新團體就這樣誕生了。只用了短短兩個月，這些草根製圖者就幫我們繪製出了巴基斯坦長達 25,000 公里的道路路線圖。

曾經，賴利認為 Google 應該有 100 萬名工程師，這並不是說 Google 應該有 100 萬名員工。現今，世界各地的程式設計師經常會用到安卓系統以及 Google 參與研發的開源工具，把這些人加在一起，那麼使用 Google 工具或在 Google 平臺上進行創新的總人數很可能以百萬計了。

(7)交付，疊代。

新想法不可能一出爐就完美無缺，你也沒有時間等到想法完美的那一天。打造一款產品，投放市場，看看反應如何，設計並加以改進，再重新投入市場。這就是交付和疊代，在此方面眼疾手快的公司，才能成為贏家。

一個團隊將新產品交付市場並不困難，但要持續追蹤和耐心提升產

第 7 章　向創新要未來

品就要困難得多。在 Google，我們常常會用批評的方式來激勵團隊對產品進行疊代（適度批評有激勵的效果，過度批評則會適得其反）。

　　判斷哪些產品推出後勝出，哪些失敗，就要用到數字。你需要確定你所使用的數字，並設立系統以便及時呼叫和分析數字，這對甄別產品的優劣至關重要。發展壯大的產品應該獲得更多的資源，停滯不前的產品則相反。多數人都會計算已經投入專案的資源，以此作為一個繼續投資的原因。這就是沉沒成本謬誤，而以數字為依據，則可以抵制次謬誤的誘惑。

　　喬納森經常告誡他的團隊，不要把糟糕的產品投放市場，指望著靠 Google 的品牌力量在早期吸引人氣。產品應當具有卓越的效能，在剛上市時，功能有限是可以接受的。在推出產品的時候，限制鋪天蓋地的市場行銷以及公關宣傳是有利的，因為相比於一款低調上市的產品，一款被吹捧上天的產品更容易讓消費者感到名不符實。Google 只有在產品展現出勝者鋒芒後才會投入資源，上市之後，再新增新功能完善產品也不晚，應該讓使用者習慣於先接受功能有所局限但品質禁得起考驗的新品，然後再等著功能快速得到擴充的模式。

　　(8) 敗得漂亮。

　　要想創新，就要學會把敗仗打漂亮，學會從失誤中汲取教訓。所有失敗的專案都會衍生出關於技術、使用者以及行銷方面的寶貴資訊，為你的下一次出征做準備。修改創意，而不要否決創意：世界上多數偉大發明的最終用途與最初設想都是天差地別。因此在放棄一個專案時，要仔細審視其組成部分，看看有無可能投放在其他領域。賴利說過，如果你的眼光夠遠大，那就很難全盤皆輸。

　　另外，不要拿失敗的團隊問罪，而是要確保他們能在公司找到合適

的職位。因為下一批創新者正在靜觀其變，想看看失敗的團隊會不會受到懲罰。他們的失敗雖然不值得稱頌，但也是一種榮譽。因為，至少他們努力了。

管理者的任務不是規避風險或防止失敗，而是打造一個不會因風險和不可避免的失誤而垮臺的環境。敗得漂亮就要速戰速決，一旦發現專案沒有什麼前途，就應該以最快的速度喊停，以免浪費更多資源，產生更多機會成本。你需要快速的疊代，建立檢驗標準，看看每次疊代有沒有把你一步步推向成功。小的失誤往往可以為你照亮前進的路，因此你應該預料並接受其存在。

Google 不僅有基於主要業務的每年 500 次以上的創新，還有自己的創新實踐，這些實踐都和 Google 的管理原則以及人員管理方式息息相關。接下來，就讓我們從組織成熟度的視角來了解持續創新的人力資源管理革新。

7.2　持續的人力資源管理革新與能力改進

提到創新管理，大家往往都興致勃勃。但講到人力資源管理革新與能力改進，大部分人會抓耳撓腮，不知道如何講起。我們還是用一個例子來開始。

2012 年，一位 Adobe 的高階主管犯了一個善意的錯誤，卻最終把它變成了一個重大突破。根據《富比士》報導，2012 年 3 月，Adobe 負責人力資源的高級副總裁唐娜・莫里斯（Donna Morris）去印度出差。儘管她剛抵達不久，還有些時差反應，她還是接受了《經濟時報》記者的採訪。記者問她能做些什麼來顛覆傳統的人力資源。唐娜・莫里斯提出，績效評估的方法往往會對員工的真實績效帶來損害，並說「我們計劃廢除年

度績效考核制度」。這是一個精采的回答，除了一個小細節 —— 她還沒有和 Adobe 的 CEO 談過這個想法！

第二天，她所說的內容就登上了報紙的頭版。莫里斯驚呆了。她必須與 Adobe 的媒體公關團隊一起在公司的內部網站上公布一則通知，誠懇邀請各位員工幫助他們盡快評估和改善 Adobe 的績效評估方法。

最後一切圓滿解決了。幾個月後，Adobe 啟動了一個新的績效評估流程。正式的年度評估被非正式的季度「註冊制」取代。不需要任何書面文件，重點討論三個方面的內容：期望、回饋、成長計畫。不出所料，新流程受到熱烈歡迎。在發表後的兩年內，Adobe 的被動人員流失率降低了 30%，而業績不佳人員的自然離職率提高了 50%。一種歡迎新思想的文化（甚至到可以原諒錯誤的程度）則帶來了創新。Adobe 擁有這種文化的要素，幫助它在面對一次次外部擾動時不斷實現創新、轉型。

之所以拿 Adobe 來舉例，是因為這個例子很有代表性，既有從上到下的壓力，也充分利用了自下而上的力量推展了創新，並獲得了成功。無論是在之前章節提到的在績效回饋環節收集優秀案例，還是業務變革中聚焦於業務推展重大變革，還是在上一個章節中提到的 TA 團隊不斷地進行創新，提升流程效率，這些事例都說明一個事情：創新的壓力和實踐在組織中是無處不在、無時不在的。當我們擁有高效的流程及執行能力之後，往往會使員工的創新更加聚焦了；當我們提出挑戰目標的時候，整個組織的創新張力就產生了，基於流程的持續創新便成為現實。

一位著名企業家曾說：「我與群眾打了一輩子的交道，到最後我也不知道群眾的潛力到底有多大。」這正是持續創新的人力資源實踐所需要秉持的原則：有目的地激發創新，自下而上地培育創新，並將其培育成為組織新的流程能力。

7.3 管理組織績效的協調性

組織績效的協調性旨在加強個人、工作組（團隊）以及業務單位的績效結果與組織績效以及經營目標的一致性。

從業務變革開始，組織便將核心競爭力建設提到首要位置，支持組織經營之道的持續實現，將組織的資源按照壓強原則投入重點領域，達到足以取勝的程度。因此組織中的業務單位、團隊、個人被聯結起來，並持續地改造這個系統。

組織績效的協調性不是指均衡，而是指明確組織成果情況下的聚焦、協調和協同。回到組織的概念上來，透過幾個成熟度的不斷磨練，我們終於得到了組織策略──組織能力建設──賦權的團隊&具備勝任力的團隊這樣一個體系，這樣的建設連接了組織內外，實現了其社會功能；連接了從策略到執行，實現了其經濟目的；連接了組織發展與個人發展，更多有成就感的員工更廣泛地出現了。這就是組織績效的協調性。

7.4 等級 5 的組織

在本章，我們首先從 Google 的創新開始，之後陸續講到了 Adobe 的人力資源創新，並回顧了之前章節的相關內容。本章的關鍵字有三個：組織能力、持續創新、組織績效協調。這三個概念屬於一個範疇，它們都是實現組織最終功能所必需的，也是人力資源在高成熟度等級的典型特點。

當我們講到創新時，讀者會想到顛覆性的或開創性的創新，從組織的視角來看，或許正是這樣的創新成為組織建立的基礎。當我們仔細觀

察這樣的創新，發現它是從具備最小模型後，逐漸演變而來的。一個組織能保持這樣的方式，例如 Google，為技術創新到客戶需求之間鋪平道路，是非常值得讚賞的。一旦你的組織具備這樣的條件，就要讓員工利用類似「20％時間」的機制來創新，建立最小模型，然後快速驗證、疊代。在這樣的方式之外，組織只有建立高效的流程、分解明確的責任，讓員工在自己的「責任田」中進行創新，這是創新的另外一種常見方式。從技術研發到行銷、銷售，再到財務、品管和人力資源，凡是流程、責任可以描述清楚的，創新都是可以發生的，而且不僅發生在組織內部，也發生在組織發揮社會功能的整個範疇。

至此，5 個等級的進化之路已經全部描述完。在這個過程中，我們從隨機發生開始，到向人才要績效，向業務變革要成果，用能力適應變化，直到這一章向創新要未來。在最後，筆者首先想問的問題是，你獲取績效的方式是什麼？你現在必須用什麼樣的方式來獲取績效，這些決定了你對組織的假設，關注的人以及應該如何聚焦於流程建設。我們將其作為一個選擇，一個組織進化和蛻變的策略推薦給讀者。如果你理解了這個初衷，就理解了我們介紹成熟度視角之目的所在。下一章中還會闡述這個話題。

7.5　行動起來

當讀者讀完本章後，回到組織實踐場景中，應該問的問題是：我們的組織和團隊是否一致、有力地向前進？我們是否已經在機制上具備有計畫的創新，並作好了接受群眾性創新的機制、資源準備？

我們首先要核查現有計畫的創新如何符合組織的當前與未來，如何與組織的使命相一致；其次要核查我們當前的機制是否能足夠蒐集、辨

第二部分　實踐和機制

識組織中廣泛存在的創新。同時，還要將這些創新協調到組織能力提升、組織持續的市場績效獲取方面上來。

最後需要強調的是，這些創新是否達到了我們在當前和未來競爭的需求？如果已經達到了，風險是什麼？如果沒有達到，我們需要持續改進的是什麼？對於有研發職能的組織來講，這個問題會引導我們的研發資金投向哪裡。

第 8 章　成熟度視角下組織的進化與變革

8.1　五個成熟度等級比較

當組織處於等級 1 時，組織的關鍵人力資源是組織領袖即老闆本人。由老闆做所有重要決策，提出文化主張。公司沒有流程、機制建設或者在老闆指揮下進行流程機制的建設。其他人在這樣的組織中，只能是人手，扮演「祕書」或「助手」等角色。專業能力只是權力和資本的僕人。流程能力受限於老闆的認知能力，而且是透過即時指揮和隨機反應來實現的。

當組織處於等級 2 時，組織的關鍵資源是「人才」，這個定義的背後是將人的能力進行了區分，由此開始了對「人才」在內外部的搜尋和搭配。這些人的成長被認為是一個透過實際工作「開悟」的過程。也就是說，這個人「有悟性」，能展現出專業能力和領導力，大家就信服他。一個組織有這樣的前提假設，就應該在組織的關鍵職位上去尋找和培養人才，不斷地根據任務去進行搭配。不僅要去逐漸選擇出組織領袖，而且需要去尋找組織中的管理者，都要去配對並尊重其專業決策能力，這個時候組織的流程是專業視角的，要做到專業內的最好，組織內部的決策往往是由這些少數的「人才」來主導或協同的，其他人只要負責執行就好了。自組織層面往下一層，部門管理者開始尋找業務專家，在自己的團隊中建立起專業主義。等級 2 的狀態不是一蹴而就的，需要組織領袖花很大的精力在人員選拔和配對上，而且這是一個持續不斷和反覆疊代的過程。選擇好人才之後，就是基於績效目標的制定與輔導。從深度上講，組織管理主體能夠在多大程度上貫徹落實此類策略，往往決定了組

第二部分　實踐和機制

織的人才管理水準。由於數位化可以幫助組織搭建高效的業務流程，一旦有了人才，有了授權的組織氛圍和環境，組織就能快速地成長起來。網飛就是這樣的例子。但對於數位化程度不高，或者具有複雜流程的組織來說，僅有人才還不夠，組織還需要在業務流程設計、最佳化和數位化上下工夫，並將其提上重要議事日程。

當組織進化到等級3時，組織的核心流程與關鍵職位實現了無縫銜接，流程活動和員工職位的活動、工作組的協同活動一一配對了，且是基於組織設計後的配對。這樣就將組織的資源聚焦到了核心流程的執行上，就能更好地產出成果，服務客戶。在組織內部，員工的發展和流程的執行能力（價值創造過程）無縫連結。從核心流程的決策角度來看，組織將流程節點中的執行權和決策權下放了。基於流程執行過程，即價值創造過程，每個員工的能力被識別、發展並和對應任務加以配對。當我們講員工勝任力發展和職業發展的時候，其實是基於業務流程標準化這個基礎的。如果沒有這個基礎，員工的發展還只能靠「悟性」。在這個成熟度階段，組織的管理者責任有什麼變化呢？他們有機會成為業務流程專家，在關鍵環節和細節上指導專業員工的發展，如專業的流程、工具和方法。在這個階段，組織領袖人員選拔、配對、績效輔導的職責減輕，此時除了要關注核心流程的效率和競爭性，還要關注價值觀在核心流程中的表現。例如「以客戶價值為中心」，需要外化為經營原則，並在業務流程和員工行為中應用並得到貫徹。

當組織進化到等級4時，專業專家才「批次」湧現。頂尖的專家這個時候被賦予導師資格。他們有的人是從組織變革的管理者變化而來，有的是從業務變革的專業技術成員中來的。業務專家可以就一個業務領域進行指導，包括個體、團隊和流程，組織的勝任力資產得以建立，且

第 8 章　成熟度視角下組織的進化與變革

是與組織流程、組織最佳實踐緊密結合的資產。組織人力資本的存在方式，表現為具備能力的人、高效的流程、數位化工具以及人執行流程的案例或知識體系。這個時候組織能力就在行業中突出表現出來，專業團隊的能力明顯高於平均水準，他們勇於做專業決策、勇於擔責，組織的行為也明顯帶有文化痕跡。當這些條件都具備的時候，就到了打造組織品牌的時候了！到了這個階段，組織核心流程的執行能力能夠被預測，也能夠加以量化。以此為基礎，人力資本的管理被聚焦、投資、打造，並且為目標績效來實現量化的資源配置。組織領袖這個時候可以將更多的精力投在策略上了：如何看待差距，如何選擇要進入的新領域，何時進入等。組織能力也具備了適應環境變化的能力，進入可以與策略規畫「並肩作戰」的狀態了。

當組織進化到等級 5 時，應持續創新、開放創新，並保持與追求績效的協調一致性。在流程框架和活動細節設計的基礎上，在專家的指導下，整個組織有計畫的、湧現性的創新開始出現。如何更廣泛地發動創新力量成為此時決勝未來的關鍵點。因此，廣泛的鼓勵創新，支持創新，甚至是顛覆式的創新成為組織領袖關注的焦點。因為只有創新，才能持續地創造客戶，才能實現組織價值。此時，人、流程和組織本身的開放度大大增加了，進入到最廣大的統一戰線狀態。

本書的重點聚焦在等級 2 和等級 3 上，主要有三個原因：第一是因為從組織進化過程來看，等級 2 和等級 3 對組織轉變或躍遷的意義重大。在網飛的這個案例中，其「數位化」核心業務流程基本確定、持續最佳化的條件具備，因此放大人才管理優勢就成為組織持續創新的關注點。某公司 IPD 流程變革之後，管理主體對掌控組織能力有了很大的把握，公司可持續創新的能力得到驗證。第二，等級 2 和等級 3 之間的轉換是整

第二部分　實踐和機制

個組織進化與變革的樞紐,沒有相對完備等級 2 的實踐和制度設計,等級 3 是難以達到的。比如,即使數位化使某項業務能力達到了等級 3 的水準,而等級 2 的能力卻不支援,那麼專業流程領域等級 3 就會在激烈的競爭中以及內部效率塌陷中淪為擺設。第三,等級 4 和等級 5 的組織成熟度,需要在等級 3 的基礎上才能產生,很難憑空而來。

8.2　組織進化與變革

當我們講組織進化時,指的是從等級 1 向上逐漸進化。當我們講變革時,有兩個意思:一個意思是從等級 2 到等級 3,這是一個真正的變革,既是組織發展的需求,也是數位經濟時代對組織的要求;另外一個意思是從等級 3、4、5 重新聚焦推展等級 2 的實踐,調轉組織的「方向」。等級 3、4、5 也會引起流程固化,乃至僵化,使組織這艘大船失去適應環境的能力,這對組織來說是個危險。因此這個時候要再回到等級 2 的狀態,並重構組織在新形勢下所需要的新組織能力。從等級 3 到等級 2 還有一個時代特例,數位化時代的組織迅速透過數位化工具建立了專業領域的數位化產品或服務能力(專業領域成熟度等級 $\geq$ 3),隨著其快速發展,其他專業領域、人員管理實踐、組織管理將跟不上業務發展的需求,必須予以補齊。

筆者理解的等級 1 組織的存在,它既有歷史因素,也有認知因素,還是組織發展過程中必經的一個階段。但長期處在等級 1 狀態,站在社會文明和進步角度來看是不合適的,因為它的存在剝奪了其他人發展的權利,是逆社會發展潮流,與數位經濟時代特徵也不符合的。幫助組織進化是筆者提出組織演進的重要初衷,它有廣泛的參考意義,一旦聚焦策略執行達到閉環,組織就應該順勢進入下一階段的進化。

第 8 章　成熟度視角下組織的進化與變革

　　對於等級 2 的組織，筆者倡導其向等級 3 去變革。如果這個變革完成不了，組織能力建立不起來，就要去重新審視等級 2 實踐中的問題，一定是人才配對出了問題。

　　對於等級 3 的組織，筆者鼓勵其選擇性地去實踐更高等級的制度設計並用以指導實踐。與此同時，也要注意隨著環境變化保持敏捷。一旦組織發生流程僵化、故步自封的情況，就要有能力重新考慮人的配對、流程的重新設計等問題。

　　對於等級 4 和等級 5 的組織，筆者鼓勵其研究組織的經營之道，就社會環境變化和組織創新進行協調，持續為社會做出貢獻，持續為組織人才的發展做出貢獻，為社會的人力資本建設做出貢獻。

　　當我們認真談論變革時，到底是什麼變化了呢？我們仍從人力資源、流程和組織三個角度來闡述。

　　等級 2 的組織將組織中的人進行分類：一類是「人才」，一類是「人手」。人手常有惰性，要靠人才的指導、監督並推展績效整合。這種假設自古以來有之。正是基於這個假設，組織領袖才將對「自己是個人才」的認知擴展到一小部分人。當筆者去組織中訪談時，這一點非常明顯。但這個假設有缺點，《道德經》上說「不尚賢，使民不爭」。企業一旦開始實施「人才」策略，人與人之間的爭鬥和包裝就開始了！大家都有各自認為的「人才策略」，此時如何衡量呢？如何在不同業務之間衡量，如何在同一業務的不同週期之間衡量，如何在不同地域之間衡量呢？這些問題是所有組織必須回答的。因此，最後的「人才」策略除去其組織內部的政治鬥爭面，在管理上的投射便是特定業務場景下的組織文化選擇（同時也夾雜著歷史和現實的約束條件）。當組織達到等級 3 時，其實採用了另外一種假設：人人平等。與此同時，組織的制度設計和流程管理也是

第二部分　實踐和機制

公平公正的。每個人應該被明確告知發展的機會和方式，組織提供和設定不同的發展道路，鼓勵員工參與。是否能夠達到任職標準是員工的事情，但說清楚標準是組織的事情，是否按照對應的標準來聘用員工也是組織的決策。顯然從好的方面來看，組織出現了核心流程，相關員工從一般績效到最優績效的過程，但這個過程能百分之百達到嗎？考慮到成本、員工年齡、真實商業機會等原因，最後也不可能達到每個人都成為最優，發展狀況還是會有差別，但這個差別並非來自假設，而是來自發展的選擇不同，來自基於場景的個體選擇，來源於組織平臺上競爭的結果。對於人才認識的進化之路見圖8-1。

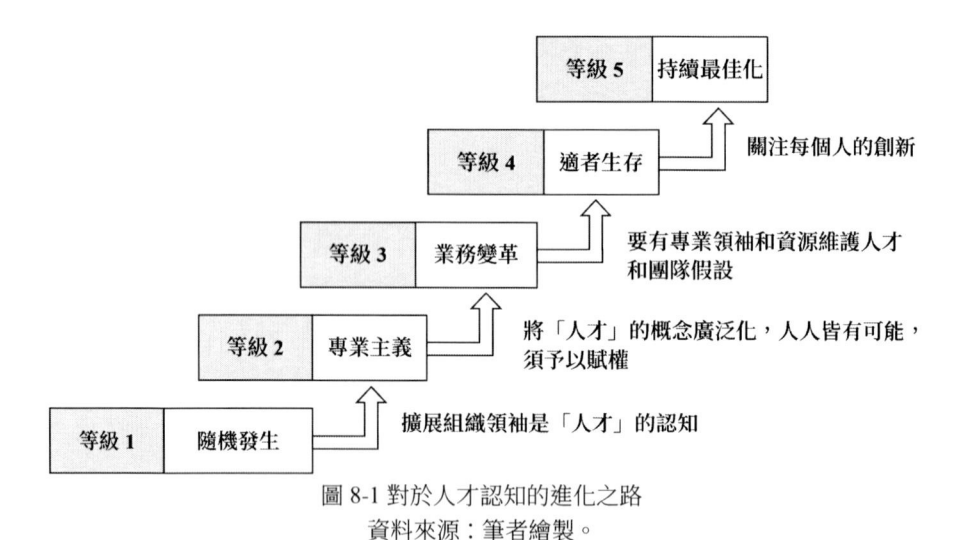

```
等級5 │ 持續最佳化
    ↑              關注每個人的創新
等級4 │ 適者生存
    ↑              要有專業領袖和資源維護人才
等級3 │ 業務變革           和團隊假設
    ↑              將「人才」的概念廣泛化，人人皆有可能，
等級2 │ 專業主義            須予以賦權
    ↑              擴展組織領袖是「人才」的認知
等級1 │ 隨機發生
```

圖8-1 對於人才認知的進化之路
資料來源：筆者繪製。

從流程的角度看，等級2是從專業職能視角來建設的，專業原則、專業技術是第一位的，因為有了這些專業原則和專業技術、工具，某一個團體才能被稱為專業，才有存在的必要，專業原則和專業技術越是使用得精深，則專業壁壘越大；等級3的視角是從外向內看的，無論什麼專業，都要首先向客戶提供產品和服務，無論什麼專業原則，都應該服

第 8 章　成熟度視角下組織的進化與變革

從組織的社會責任，實現其功能器官的要求，各個專業都必須聚焦到組織的社會責任上來。在聚焦於社會責任的基礎上，才能達到等級 4 的不斷整合、調整以適應環境，才能達到等級 5 的大眾創新階段，才能創造組織的未來（見圖 8-2）。

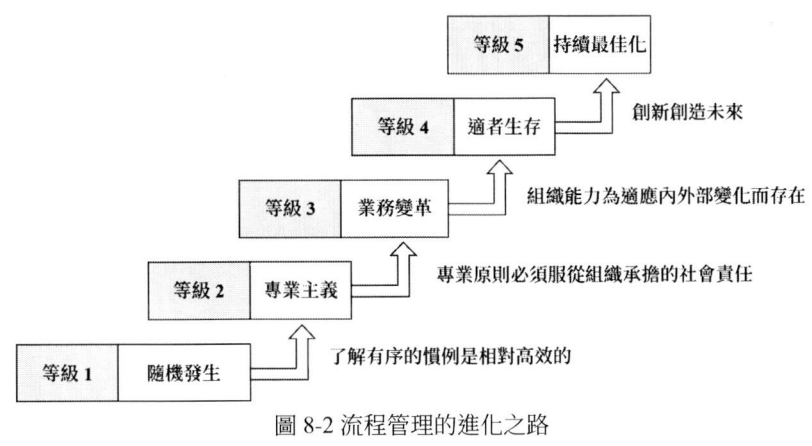

```
等級 5　持續最佳化
　　　　　↑　創新創造未來
等級 4　適者生存
　　　　↑　組織能力為適應內外部變化而存在
等級 3　業務變革
　　　　↑　專業原則必須服從組織承擔的社會責任
等級 2　專業主義
　　　　↑　了解有序的慣例是相對高效的
等級 1　隨機發生
```

圖 8-2 流程管理的進化之路
資料來源：筆者繪製。

　　從組織「協調」視角來看，等級 1 的組織來源於組織領袖的個人協調，因此大家都要遵循這個原則；到了等級 2，要按照專業原則來協調，如果出現矛盾，靠員工的自我協調技能以及上級主管來協調；等級 3 的組織，協調是圍繞核心競爭力建設、最佳化流程的協調；等級 4 開始整合組織不同流程之間的協調；等級 5 關注在協調過程、流程執行過程中，人、團隊和流程的持續創新（見圖 8-3）。

　　綜上，我們將人、流程、組織在進化過程中的方式方法、專業領域和背後假設都闡述完畢了，每個組織都可以採用這樣的方式來進行有效的組織管理與組織發展工作。

等級	組織進化之路			
	績效獲取方式	對組織的假設	關注的人	流程狀態
5 持續最佳化	向創新要未來	組織龐大的力量蘊藏在群眾之中	與組織流程執行能力提升相關的所有人	組織流程被定義、協調、剪裁、創新
4 適者生存	用能力適應變化	有組織能力才能適應環境變化	與組織重要競爭能力提升相關的所有人	即時重要流程資料回饋與調節
3 業務變革	向業務變革要成果	核心競爭力是獲勝之本	組織核心競爭力提升涉及的關鍵人	關係組織核心競爭力的流程被分析、發展
2 專業主義	向人才要績效	組織需要專業人士的貢獻	部分管理者或專家	專業視角的流程，注重專業原則
1 隨機發生	向領袖要生存	一切老闆說了算	組織領袖個體	缺少流程，大多是根據情境的個人決斷

圖 8-3 組織進化之路
資料來源：筆者繪製。

8.3 成熟度對組織與管理主體的價值

至此，讀者對組織成熟度有了比較完整的認知，與傳統的成熟度評估方法不同，筆者鼓勵組織的管理主體去診斷其組織假設、關注人的範圍及流程狀態，做出判斷，並選擇專業流程領域去推展變革與實踐。在不同的階段，我們指出了不同的組織假設、人力資源管理實踐領域及流程狀態，為組織形成自己組織的進化之路提供了指南。

在人力資源專業領域方面，共有 22 個領域，在等級 2 和等級 3 的部分進行了優先順序區分，為組織在資源匱乏情況下優先投入指明了方向。

第 8 章　成熟度視角下組織的進化與變革

為每個專業領域確定了目標，每個組織可以就這些目標的理解，分解為基於自己場景的實踐並不斷改進。

當我們採用組織成熟度來指導工作時，人的發展得以被持續關注，流程的效率被持續關注並得到提升，組織中的數位化工具建設被激發，組織的人力資本將存在於組織的流程活動及人員身上，組織的能力和面貌就煥然一新了。

筆者建議在組織中採取「簡單診斷──專業領域成熟度等級目標選擇──改進」的方式來進化組織和團隊，並廣泛地和組織內外進行交流，以覆盤、反思成功和失敗的經驗，在組織進化之路上乘風破浪。

真實的場景往往更複雜，所以在理解了組織成熟度之後，下一章，我們將基於惠普公司 77 年 (1939-2016) 的歷程，分析其演進過程。

第二部分　實踐和機制

第 9 章　組織的演進：惠普 77 年

　　前面章節中，為方便讀者理解，筆者都安排一個例子來闡述對應階段的成熟度，這種方式顯然簡化了現實。為使讀者能更深刻地體驗在現實中組織成熟度面對內、外壓力時的評估、選擇與實踐，本章我們從組織演進的視角來解讀惠普 77 年的業務與管理實踐，即從 1939 年惠普成立，到 2016 年。

　　之所以選擇惠普，有幾個原因：第一，它的組織歷史足夠長，能夠讓讀者看到它在不同時代如何維護其經營之道；第二，惠普具有代表性，它從一家小公司成長為多業務集團，經歷了不同階段，也是矽谷主要的創始公司，還是一家注重文化建設的公司；第三，惠普是比較早發展起來的高科技企業，對當今高科技、技術密集性組織的啟發性更大；第四，筆者從 21 世紀開始的幾年接觸成熟度開始，一直和惠普有業務上的來往，算是有一些切身體驗；第五，《七次轉型》(*Becoming Hewlett Packard*) 中有相對充分的資料讓我們能夠了解其演變過程，雖然這本書是基於策略領導力的視角，但它採用了《好策略，壞策略》(*Good Strategy Bad Strategy*) 中的觀點。好的策略通常包括三個要素：一是能夠簡化環境複雜性、辨識 CEO 所面臨的關鍵挑戰的診斷能力；二是能夠克服阻礙、應對挑戰的指導政策；三是指導策略的一套連貫一致的行動。這三個要素與筆者對組織的關注不謀而合。

9.1　建立觀察組織的全面視角

　　在之前或之後的敘述中，我們關注的均是組織發展內部視角，在第 10 章中我們將這個內部視角分為三個部分：組織的創新力、一致性與員

工關係。但只有這三個是不夠的，當我們在實際中觀察組織時，還要觀察它和社會的接觸點：一方面它要面對長期市場變化與競爭，另一方面也要處理好客戶需求；而且我們還要了解到，組織是社會的器官，社會文化傳統影響了組織的文化原則，同時社會的生產力水準也為組織提供了便利與限制。因此當我們從整體視角考察組織時，我們採用了八個維度，並把它分為四組，見表 9-1。

表 9-1 整體考察組織的八個維度
資料來源：筆者繪製。

新增視角	社會環境	內外需求	社會功能	長短期競爭
偏創造性	扎根社會傳統	洞察客戶需求	激發創新力	應對市場競爭
偏一致性	適應基礎設施	面對員工抱怨	理順一致性	面對社會變化

第一組是扎根社會傳統和適應基礎設施，每個組織都是在社會傳統和對應的基礎設施中「誕生」的。所謂社會傳統，是指在這個社會中的價值取向，例如惠普之道中的「相信、尊重個人，尊重員工」就是從西方人權運動中引申出的一個基本社會傳統。一方面，組織從誕生那一刻起，就帶著社會的特質，同時又是對社會傳統的一個「刷新」。另一方面，組織要適應社會上的基礎設施，例如電報時代、電話時代、網路時代帶來了不同的資訊處理方式，航運、航空、高鐵帶來了不同的物流方式，電子信箱、即時通訊軟體帶來了不同的內部溝通方式，Google、臉書、亞馬遜帶來了不同的行銷方式等等。這兩個方面既是組織誕生與發展的有利條件，也是限制條件。

第二組是內外矛盾，對外是洞察客戶需求，對內是面對員工抱怨。

第二部分　實踐和機制

一方面，組織需要始終面對客戶需求，否則就難以行使其社會功能之職責；另一方面，無論如何都要面對員工抱怨，抱怨在滿足客戶需求的過程中遇到的困難和不公。這兩方面都是激發組織進一步發展的原動力，如何應對這一對矛盾展現了組織能力。

第三組是激發創新力和理順一致性。一方面，一旦客戶需求洞察清楚，就要激發創造性來提升自己的競爭力，這樣就必須要求組織在研發、生產、銷售和服務的過程中具有競爭力，這樣的組織能力必須被整合，成為組織聚焦資源建設的專業領域，只有足夠專業才能讓員工有足夠的成長和應對困難現實的準備；另一方面，在獲得競爭地位的過程中，讓員工獲得足夠的工作意義、決策權，成長權，以及獲得成果之後，讓知識員工——這個掌握生產資料的群體獲得足夠的、公平的分配權，而不是讓資本掠奪他們的成果，那會成為激發創新力的災難。

第四組是競爭和變化。組織每天能感受到的競爭來自競爭對手，而每天不能明確感受到的是社會和行業趨勢的基本變化，這要求組織能協調短期和長期發展矛盾。既要比競爭對手快半拍，又要為未來的基本趨勢變化做好準備。

結合組織成熟度，也可以表現為圖 9-1，也就是說，無論組織本身如何演變，它都面臨這樣的 4 組壓力。這樣，我們就建立了一個全面視角來觀察組織內外的互動。

比爾·休利特（Bill Hewlett）和戴維·帕卡德（Dave Packard）正是在接受美國大學教育以及職場教育後，利用專業知識創造了他們第一個產品「音頻振盪器」，打開了其不斷接觸內外需求的過程，產生了惠普行使社會功能和應對長短期競爭的漫長歷程，見圖 9-2。

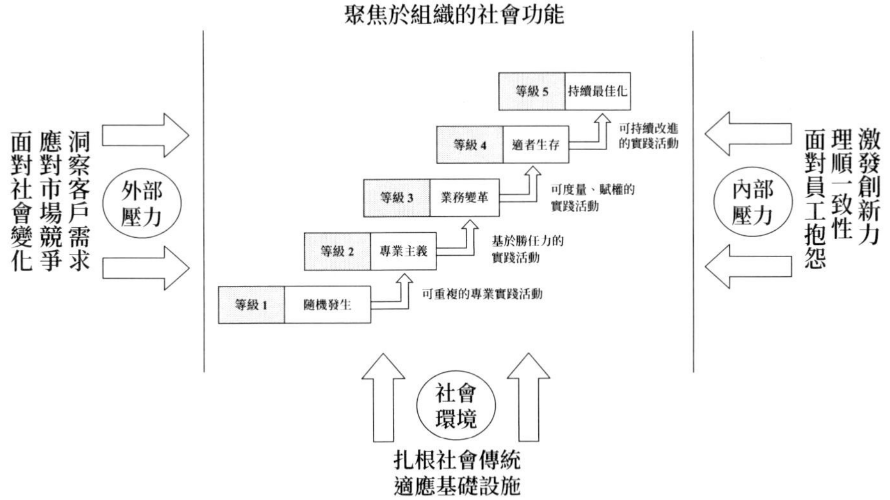

第 9 章　組織的演進：惠普 77 年

圖 9-1 完整視角下的組織成熟度
資料來源：筆者繪製。

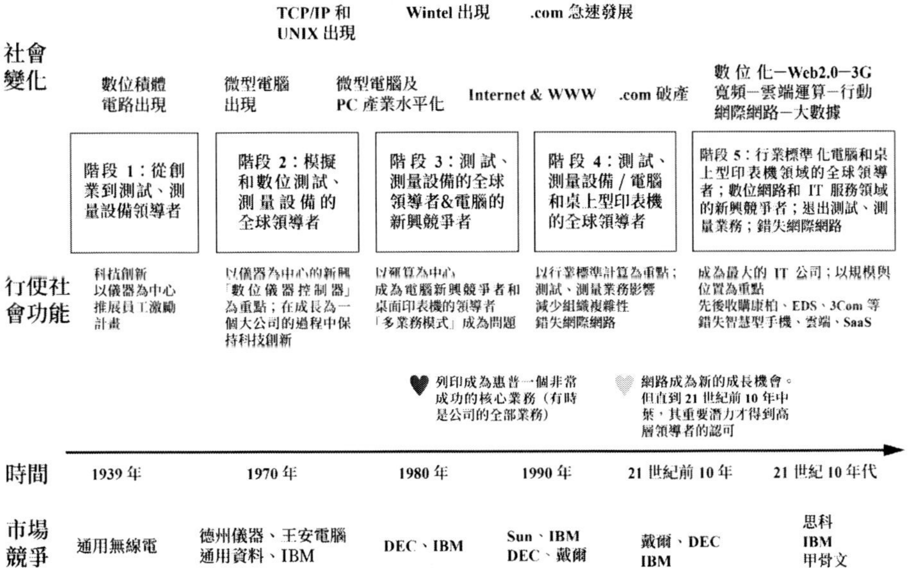

圖 9-2 惠普發展史
資料來源：筆者根據《七次轉型》材料繪製。

第二部分　實踐和機制

在看過圖 9-2 的概略情況之後，我們再回到 1930 年代末，回顧惠普在內外壓力下的演進。

9.2　惠普的基石

（1）扎根社會傳統。惠普顯然經歷過等級 1 階段，特別是兩位創始人在組織當政的前期，帕卡德和休利特總是具有最終決定權。但隨著公司的壯大，他們兩位作為組織領袖在這方面的根據文化的轉變值得讚揚。我們逐次來看《七次轉型》中的幾個紀錄。帕金斯說：「當我成為一名部門經理時，我知道我能做任何一種創新的空間都很小，幾乎沒有。你可以在自己的管道中進行創新，但除此之外的都不能，除非能說服帕卡德和休利特。」、「很多情況下，他們也聽從了高階主管關於重大資源分配的建議。」然而逐漸地，帕卡德和休利特明確表現出「自下而上」的領導力，他們支持新舉措，「先給予一點小錢，看這個舉措勢頭如何。如果它勢頭不錯，有潛力，就給予更多的錢」。最後他們將惠普發展為基於分權式、小型的，類似獨立業務部門的營運模式。為了應對這種模式帶來的協同不足，帕卡德強調分區概念，即把研發、製造、行銷人員放在一個區域，從產品研發開始大家就在一塊工作。我們可以清楚地看到隨著公司的發展，惠普作為一家美國企業，有向美國政體機制靠攏的明顯傾向，且根深蒂固，從而為後來的組織適應新業務造成較大影響。這就是惠普在美國文化傳統中扎根發展起來的情景。

（2）適應基礎設施。惠普的誕生在美國經濟大蕭條將要結束，二戰開始的前夕，1939 年。在此之前，帕卡德和休利特已經在史丹佛和麻省理工分別完成了電子學領域的學習。休利特在研究所期間開發了一個改進振盪器產生音訊訊號的原型。建構產品的工具，如「長凳、虎鉗」等當時

第 9 章　組織的演進：惠普 77 年

在市場上已經非常容易獲得。與此同時，他們兩位很早就認識了當時在這個領域的先驅公司通用無線電的領導者，兩位以通用無線電為標竿，自認為是後來者和追隨者。這是惠普在誕生之初面臨的社會基礎設施。

（3）洞察客戶需求。惠普從一開始就在自己的領域對客戶需求洞察出色。第一筆大訂單來自於迪士尼，它以合理價格、優質產品滿足了迪士尼首席音響工程師巴德‧霍金斯對音頻振盪器的需求，在對方的要求下做了足夠多的修改。以遠低於當時競爭對手的價格，即每臺 71.5 美元的價格向迪士尼出售了 8 臺。比較於 1939 年總共 5,000 美元的銷售額和當時的貨幣價格，這是一個貨真價實的大訂單。由於惠普主要向設計、製造、維修電子設備的人銷售產品，所以很了解客戶需求，使得他們在測試和電子設備領域享有盛名。當模擬和數位技術出現在測試測量儀器設備上時，惠普輕而易舉地就完成了這個轉變。

（4）面對員工抱怨。員工在這一個階段幾乎沒有什麼抱怨，但在後期他們明確知道公司高層不太喜歡惠普進入電腦行業。

（5）激發創新力。在激發創新力，建構組織核心競爭力方面，惠普這一時期表現卓越。他們把公司的年成長目標設定為 15%。帕卡德明確指出，利潤不是公司的目標，對市場的貢獻程度才是。透過專業決策分散化，惠普做到了權力下放。帕卡德也清楚地意識到，「成長應歸功於製造技術」。1980 年，當帕卡德在回顧時，他曾說：「我們已經在研發與行銷之間建立了緊密關係，並且還在繼續。」這說明惠普的領導人一開始就在思考如何適應成長的市場，如何透過組織的權力下放的同時，對鑄就「研發 —— 製造 —— 行銷」一體的競爭力有清楚的認知和有力的實踐投入。我們可以判斷，惠普在測試業務領域的「研發 —— 製造 —— 行銷」體系完成了業務變革，具備了等級 3 或以上的能力。

第二部分　實踐和機制

（6）理順一致性。惠普創始人在這方面也堪稱典範。他們一直堅定認為應該「讓員工有機會從公司成功中分享收益」並「從內部提拔人」。在創立之初就借鑑並改造了通用無線電公司的員工激勵計畫，將銷售額的 30％與薪資掛鉤，每月調整薪水，給予員工節省下來或增加的利潤。1957 年，淨銷售額成長 39％時，給予員工大量股票、獎金；1959 年，開始員工持股計畫。

（7）應對市場競爭。惠普強調不偏離對測試和電子設備的關注。1950 年代，聚焦在音訊／影片、計數器、微波和示波器四類產品上。

（8）面對社會變化。為了面對社會變化的長期需求，惠普成立了實驗室，並對實驗室按照銷售額一定比例投入，一度穩定在年銷售額的 10％左右。同時成立了創始人董事會，來掌握企業發展的方向。但惠普對外部的變化不敏感，1950 年代，他們沒有參與到電腦行業的大發展中來。休利特曾說：「我們對此不屑一顧。」1956 年，休利特和帕卡德的導師弗雷德里克・特曼（Frederick Terman）向休利特詢問有關電腦的資訊時，比爾只能回覆：「親愛的弗雷德里克，我對電腦一無所知，我們組織中的任何人也不知道那是什麼。抱歉我們不能在這方面幫上忙。」直到 1968 年，惠普才意識到電腦行業的大發展，提拔了 35 歲的約翰・楊（John Yang）為副總裁，負責新的帕洛阿爾托電子產品集團。但戴維・帕卡德也明確地了解到，惠普應致力於開發更多「有效的管理，因此需要重組企業組織」。但整體上來看，惠普的策略管理並不成功，處在「有序」的階段而不能適應外部環境的重大變化，惠普的組織也沒有孕育出適應電腦時代的文化。

從這個階段惠普的實踐來看，其將主要精力聚焦在人員招募與配置、管理績效上面。

第 9 章　組織的演進：惠普 77 年

　　人員招募與配置方面，惠普由於二戰後需求減少，也經歷了不得不裁員的事件，他們從 200 人減少到 80 人，以使人員規模配對成長保持最低限度。但惠普很早就確定了「任人唯賢」、「從內部提拔人」的準則。1940 年代後期，開始資助史丹佛大學工程學院研究生專案。《七次轉型》中明確記載了比爾·休利特親自參與了招募加州理工大學阿爾·巴格利的案例；1962 年，當惠普啟動內部銷售團隊建設時，想收購 9 位經常合作的分銷商，結果 8 人加入了惠普。休利特曾說：「在管理和工程方面，都有自己的關鍵人物。」當公司要正式進入電腦行業時，惠普也確實能找到優秀的約翰·楊來擔任領導人，帶領惠普邁上新徵程。

　　在管理績效上，惠普也有清楚的認知與實踐。1957 年，在加州索諾馬，惠普最優秀的 20 名經理召開了一次具有里程碑意義的會議，制定了指導公司的目標清單，並明確應開發這樣的目標清單，定期評估，必要時修改這些目標。同時，他們也開始對員工進行評估和排名。

　　在組織人力資源其他方面，惠普提供一種非正式的、友好的氛圍來進行組織內的溝通。

　　惠普這個階段從 1939 年到 1978 年，由兩位創始人戴維·帕卡德和比爾·休利特擔任組織領袖，他們基於社會條件和文化，創造了惠普基於測試測量儀器的一整套自洽的管理邏輯，應該說在這個業務領域，達到我們分析八個方面的自洽，成為該領域的領導者，也成為惠普後續發展過程中的資產與基石。當回顧其不足時，我們也能看到，基於美國社會文化形成的分權機制、惠普式的工程師文化對後來的電腦業務發展形成障礙；公司在應對長期變化方面的能力也略顯不足。

第二部分　實踐和機制

9.3　進入電腦行業

(1)扎根社會傳統。電腦系統業務需要高度協調和整合許多元件，包括微處理器、作業系統和周邊設備。但惠普偏好自主經營部門，部門之間的互動很少，不同部門間與電腦業務相關的活動缺乏協調。結果導致惠普獨立建立了至少三個不同但高度重疊的16位元電腦系統：第一個電腦生產線主要集中於工程應用；第二個應用於製造業；第三個則關注商業用途。當惠普的市場規模遠低於競爭對手時，這些在測試、測量時期流傳下來的傳統和分散化管理原則使得惠普的市場競爭表現不如人意。另外，工程師文化也令公司受挫。約翰·楊曾和工程師爭論，工程師認為，如果他們不發明這個特定的應用程式或元件，那麼它們不會是真正的惠普產品。約翰認為這是愚蠢的，他不得不將這些演講1,000次：你如何在基於標準的世界中做出貢獻，這才是最根本的問題！這也是新時代貫徹惠普之道的思考方式。然而在約翰·楊任CEO的整個任期，他在這方面的言論和管理實踐在HP內部是有廣泛爭論的，好在約翰是惠普的老人，才讓他將自己的想法和實踐維持到60歲退休。分權和工程師文化帶來的對電腦行業的不適應，一直延續到21世紀的前10年。這就是惠普扎根美國社會文化，在進入電腦行業後為自己帶來的一些障礙（這裡需要說明的是並非美國文化不適合電腦行業，而是說在經過測試測量儀器設備後，惠普這個企業文化成為高度協同的障礙）。

(2)適應基礎設施。在這個時代，非常明顯的基礎設施變化是微處理器的出現，成為顯著影響電腦行業發展的力量。微處理器有兩個技術路線，稱為複雜指令集電腦（Complex Instruction Set Computer，CISC）和精簡指令集電腦（Reduced Instruction Set Computer，RISC），開拓了小型電腦市場，在辦公室由個人使用，透過網路系統連接，並使用各式各樣的

資料處理軟體應用程式。RISC 架構的微處理器，為創造開發工作站提供了途徑，這種工作站是科學家和工程師最初使用的一種電腦，但隨著軟體的發展，迅速找到了商業市場。最初，大多數小型電腦公司基於自己的微處理器建立了自己的作業系統。1980 年代中期，許多工作站製造商使用 RISC 技術路線，並使用 UNIX 的不同版本作為作業系統。而英特爾、摩托羅拉開發的 CISC 微處理器為全新的個人電腦市場鋪平了道路。

(3)洞察客戶需求。惠普進入電腦行業時顯然迷失了方向，他們只有靠原來的方式獲取一些策略機會，例如 HP 3000 型電腦。該機型於 1968 年開始研發，1972 年推出第一個版本，是惠普第一款專注於商業資料處理市場的小型機。它由惠普內部熟悉商業市場的人設計，也沒有針對科學計算進行最佳化，即使如此，作為一個 16 位元電腦，還是打敗了數位設備公司的 VAX 電腦系列。但在其他方面一直乏善可陳，一直到約翰・楊任職的後期才不在洞察客戶需求方面糾結。

(4)面對員工抱怨。由於電腦業務和測試測量設備的不同，從上到下對公司的抱怨是明顯的。一方面，約翰・楊推行的惠普之道和員工在測試測量設備建立起來的惠普之道認知並不完全一致；另一方面，電腦行業相比測試測量設備，規模雖遠大於後者，但它的利潤率卻遠低於後者，這使得大家都對新業務和推行自上而下整合的努力有不少抱怨。測試測量設備的買點是品質，並獲得高利潤，而不是電腦行業關注的上市時間和低價格。這種抱怨從工程師到董事會都廣泛存在。

(5)激發創新力。1978 年，約翰・楊接任 CEO 時，從內部看惠普幾乎一半的收入都來自電腦業務，但從外部看，這個行業正是 IBM 的天下。經過不斷的整合，電腦市場的領導者被稱為 IBM 和 BUNCH，BUNCH 是 IBM 五個主要競爭對手的縮寫，但 H 並不是惠普，而是霍尼

第二部分　實踐和機制

韋爾（Honeywell）。1978 年，惠普的電腦產品收入僅為霍尼韋爾的一半。1980 年，董事長戴維·帕卡德決心使公司成為他曾經想避開的行業——電腦行業的領導者，他告訴高層管理人員：「如果要參與這項業務，我們就需要認真對待。我們需要成為第一大電腦廠商。這將需要 25 年。我們最好現在就開始。」約翰了解到，建立起市場導向的，具有鮮明特色能力的，差異化產品定位的重要性，為此他聘用了在電腦技術領域有遠見的、領先的專家，來自 IBM 的喬爾·伯恩鮑姆（Joel Birnbaum），同時強調策略行動要與新的電腦業務策略相結合。1987 年，威姆·羅蘭茲（Wim Roelandts）被選拔出來，負責管理涵蓋惠普大部分電腦系統產品的商業系統集團，這是公司為提高標準化而努力的結果。最終，羅蘭茲在惠普 PA/RISC 系統推向市場時發揮了關鍵作用。約翰·楊不得不強勢地在電腦業務領域採取與惠普傳統背道而馳的、自上而下的策略領導力體制，以集中銷售、行銷和研發的策略。1992 年，約翰退休時，惠普在快速成長的微型電腦和服務市場上從 17 名上升到第 3 名。緊接著，惠普在快速成長的個人電腦領域獲得了較大的改善。雖然該行業盈利情況一般，但是約翰·楊之後繼任的 CEO 盧·普拉特（Lew Platt）決定使公司成為個人電腦行業的領導者，同時希望公司學習好如何在這個高容量、低利潤的市場裡面成為領導者。在盧的領導下，惠普成為領先的消費者 IT 公司。在盧之後外聘的 CEO 卡莉·費奧莉娜（Carly Fiorina）時期，惠普和康柏合併，她認為合併後公司將具有規模和範圍經濟優勢，能產生「系統級、集中的創新」。然而卡莉的目標並未實現，反而是靠繼任 CEO 馬克·赫德（Mark Hurd）的減少支出和最佳化銷售成本達成了既定的規模經濟優勢。後來馬克的目標是使惠普成為全球最大的 IT 基礎設施公司。2010 年，李艾科（Leo Apotheker）成為 CEO 後，資訊科技產業進入「後 PC 時

代」,他認為公司開始面臨重大危機,「惠普可能會與其客戶變得毫不相干。規模大不一定是一個傑出的屬性,你可以是大且無關聯的公司」。惠普的成長陷入困境。

(6)理順一致性。與比爾和戴維時代和諧的一致性相比較,當惠普進入多業務時代,特別是業務具備不同的商業模式時,原來的基石被動搖了。公司不得不將測試測量的業務,以及後續成功的印表機業務利潤拿來發展電腦行業。當1989年惠普收購阿波羅電腦公司時,阿波羅的員工曾要求惠普建立一個管理／技術的雙晉升階梯。顯然從公司願景、決策方式到員工發展,惠普的相對領先地位出現了下降。在員工參與利潤分配方面,再也沒有第一階段的輝煌。卡莉・費奧莉娜任職CEO期間,引入了新的薪酬體系,使高階主管人員得到大額獎金而其他員工的利潤分配減少了,這改變了惠普的文化。馬克・赫德專注於削減成本,招募外部領導者,並大幅增加高層和低管理層之間的薪酬差異,進一步使惠普文化偏離了原來的軌道,在內部產生了衝突。

(7)應對市場競爭。在這方面,惠普一直相對被動,在約翰・楊的強力推動下,惠普最終學會了如何在複雜的組織中有效地管理新產品計畫,使之成為惠普的核心競爭力。在電腦業務領域,它成功地消除了惠普的神話──它必須製造其產品的每個零件才能獲得成功,並將惠普從極端的產品導向更多地轉移到行銷領域。隨著英特爾成為微處理器市場快速成長的競爭者,其晶片效能提升,成為惠普專有的PA/RISC系統功能的微處理器的威脅。考慮到強大的微處理器設計和建造極其昂貴,製造微處理器的晶圓工廠,要花數十億美元來建造和裝備,因此英特爾的規模化優勢成為惠普電腦產品路線的重大威脅。隨著Wintel[06]的強勢崛

---

[06]　Windows和Intel的聯合縮寫。

第二部分　實踐和機制

起,惠普也不得不在作業系統和微處理器方面轉向全面支持 Wintel。透過之後合併康柏和馬克·赫德的治理,惠普在電腦行業才成為規模和利潤方面的贏家。

(8)面對社會變化。在應對長期社會變化方面,惠普仍然是反應慢的一方。一方面,惠普公司沒有在整體上很好地了解到電腦行業與測試測量行業的不同,對 Wintel 的形成和應對缺少策略;另一方面,惠普接連錯失了網際網路、智慧型電話、雲端和軟體即服務(SaaS)。如果惠普在建立電腦行業核心競爭力方面快一步,例如在約翰·楊上任的五年內搞定這個業務變革,惠普在新時代會更加的遊刃有餘。當然,這只是一個假設。但從組織演進視角,從組織成熟度視角,我們完全有理由得出這個事後觀察的結論。

這個時期,由於一直是在建立組織核心競爭力的過程中,組織在人力資源方面的實踐也遭受到挑戰。

惠普在第一階段豐富多彩且成功的招募實踐在第二階段乏善可陳,公司的招募政策強化了對電腦系統業務的狹隘態度。與此同時,「從內部提拔人」的傳統受到挑戰,惠普從卡莉·費奧莉娜開始,似乎已經無法從內部產生 CEO 了,且尋找合適的 CEO 對公司已經形成挑戰,這對惠普文化不得不說是一個諷刺。

在溝通與決策方面,也變得效率低下、官僚化。惠普缺少明確的決策機制,所有這些決定都是在個人基礎上進行的,基於個體以前的表現,決策通常在帕洛阿爾托俱樂部或高爾夫球場、帆船船艙等這些社交場合做出。這是基於個性和信任,而不是邏輯或事實依據。但你只有在公司獲得成就,才能被自動視為會員。以喬爾·伯恩鮑姆為例,這樣資深的領導者成為「會員」也花了 10～15 年的時間。卡莉·費奧莉娜擔任

第 9 章　組織的演進：惠普 77 年

CEO 時，認為惠普內部合作的核心價值觀已經退化為以協商一致的方式進行管理，而這種文化傾向於規避風險，延遲決策，甚至缺乏決策。

無論如何，我們看到在 1980 年代末期，公司電腦業務開始在業務標準化和員工發展方面施加影響。正是這樣的措施，才使得惠普艱難地邁過電腦業務變革階段，打通了集中銷售、行銷和研發的策略與執行。在 21 世紀的頭 10 年我們再看來惠普的員工任職資格時，已經能比較好地實施了。

從這個章節我們可以看到，一個公司在某一項業務領域中的艱難選擇，應該說這個階段在惠普經歷了至少 25 年才勉強及格，隨著收購帶來的市場地位才徹底達到業務變革的應有階段。同時這也證明，組織的演進是配合業務策略的必經之路，是銜接外部環境 —— 業務策略 —— 組織與人力資源建設的有效工具。比較可惜的是，惠普這個演變太慢了，更無法演變為惠普業務變革的模式。從組織成熟度的視角看，這也使它直接錯過了其他成長機會。

9.4　印表機業務的極大成功

（1）扎根社會傳統。與惠普文化面臨電腦新業務，需要高度協同的場景不同。惠普文化天生就適合印表機業務的推展。惠普藉助於這個文化優勢，很快就變成了商業優勢。

（2）適應基礎設施。惠普自 1950 年代以來就一直在印表機業務上努力，因為印表機能夠製作數字和簡單的圖形，可以插入 HP 524 測量設備中。1958 年，公司收購了 x-y 繪圖儀製造商莫斯利（Moseley）之後更全面地進入了印表機市場。但是雷射印表機和噴墨印表機（Inkjet）能獲得現象級成功的最重要前提是惠普 2680（Epoc）列印機，它於 1980 年推出。

第二部分　實踐和機制

該印表機只能連結到 HP 3000，可以印出清晰的文字和圖形，該印表機和冰箱大小差不多，每臺 12.5 萬美元。即使如此，與全錄和 IBM 比較，它是更便宜的一方。這樣的行業經驗，就是 HP 在印表機成為主要業務之前的社會能提供的基礎設施。

（3）洞察客戶需求。各行業的客戶都知道，要想在桌面上放置一個聲音小、高品質的印表機，有兩個選擇：一個來自惠普，另一個來日本影印機公司佳能。因此惠普對客戶需求非常清楚，且一開始就很好地滿足了客戶需求。

（4）面對員工抱怨。員工從測試測量業務到印表機行業很適應，沒有什麼對業務本身的抱怨。抱怨來自印表機貢獻了公司絕大部分的利潤，有時候甚至是 100%，但公司的利潤都用在電腦行業的擴張上。同時，雷射印表機和噴墨印表機商業模式不同，即使雷射印表機應對的是更高階的市場，但在內部還是受到了挑戰。在 1980 年代後期的一次董事會會議上，印表機業務負責人迪克・哈克本（Dick Hackborn）在向董事會介紹印表機業務時，一位執行官表示「雷射印表機不是真正的惠普業務」，因為「你的研發強度只有 2%，惠普的業務一般是 8% 的研發強度」，所以「你永遠也無法使自己脫穎而出」。此時惠普的兩位創始人之一帕卡德也在場，他沒有解釋什麼，只是說：「你們這些在博伊西的員工（雷射印表機部門）只管繼續做你正在做的事情吧。」哈克本事後回憶說：「核心問題是人們將惠普之道的企業文化與儀器模型連繫在一起。他們並不理解惠普之道其實是由一些原則和實踐做法構成的。在我讀過的關於惠普的書中，我都沒有看到有誰提到了這一點，但我認為這是一個根本問題，因為它擴展到越來越多的不同的業務。」幾年後，哈克本與戴維・帕卡德、比爾・休利特談話時提到了他的這個觀點，得到了兩位創始人的完全同意。

(5)激發創新力：1984年推出了第一臺惠普雷射印表機（HP LaserJet），佳能設計並製造了列印引擎，惠普設計了控制印表機的命令語言和電子產品，還提供了驅動程式，以便PC可以與印表機連線，並與第三方應用程式開發人員合作。哈克本很早就清楚了商業的趨勢和模式，首先他將整個印表機的策略重心放在非擊打式印表機上。其次雷射印表機是一個高度槓桿化的商業模式，惠普不做工程或製造。這是一個毛利率很低的業務，必須保持低營運成本，才能實現良好的淨利潤。這個模式雖占據了印表機的高階市場，但一個非常關鍵的部分是它完全依賴和佳能的重大策略合作夥伴關係。最後，在惠普擅長的噴墨印表機領域，才是典型的惠普業務，因為這個高度垂直整合的業務，從列印頭到印表機，都是惠普自己的技術，同時也是高毛利的業務，需要惠普式的工程和資本投資。作為印表機業務的領導人，迪克‧哈克本很好地完成了成長挑戰。首先是基於惠普的能力完成了和佳能的合作，這樣滿足了公司在雷射印表機上的研發——製造——銷售能力，完成這條業務線的變革；其次，噴墨印表機業務也需要高度協調，特別是噴墨技術中心和製造中心必須與使用其設備的印表機部門緊密合作，但哈本克的團隊很好地完成了這個挑戰。

(6)理順一致性。在這方面除了惠普之道的基底、哈克本領導力帶來的凝聚力之外，未發現特別的內容。

(7)應對市場競爭。惠普在高階和中低端印表機市場處於非常領先的地位，這在惠普看來應該是理所當然的，因為這是惠普之道的適當發展，且這個適當發展成為惠普公司利潤的主要來源。從這一點來說，惠普和業界對惠普印表機業務長期以來的表現應該說是滿意的。

(8)面對社會變化。從長期競爭的角度來講，印表機業務無法單獨地

影響公司的策略，公司還是要在電腦業務上有重大投資，這占用了測試測量和印表機業務的利潤。

從印表機業務的成功來看，我們可以認為這是惠普在測試測量設備建立「研發——製造——行銷」體系後，利用能力適應變化的一個成功案例。

印表機業務團隊很好地利用了公司已有的能力來適應新的商業機會，且透過商業合作完成了創新，應該說這個業務是社會、商業環境發展為惠普帶來的機會，是他們維護惠普之道的一次獎勵。

印表機的順利成功和電腦長期努力獲得的成效完全不同，但筆者認為迪克·哈克本洞察了事情的一切：核心問題是人們將惠普之道的企業文化與儀器模型連繫在一起。他們並不理解惠普之道其實是由一些原則和實踐做法構成的。也就是說，惠普之道的整體描述不變，當遇到具體的業務、商業模式時，它的經營之道原則和具體實踐是可以變化的。正是這種變化，會在技術、市場都不一致時，建立文化一致的企業，文化的和而不同有可能成為高成熟企業集團的可選之路，但正如惠普的歷史向我們展現的那樣，這條道路的危險性並不低。

9.5　反思惠普的演進

在約翰·楊任 CEO 時期，惠普就遇到了「組織複雜性」的挑戰，以至於他不得不重組公司，將公司分為三個部分：測試和測量部門 (TMO)，主營所有非電腦業務和相關的銷售組織；電腦產品部門 (CPO)，主營個人電腦、印表機以及透過經銷商銷售的其他產品及相關業務部門；電腦系統部門 (CSO)，包含工作站、伺服器、儲存、相關軟體、服務和直銷組織這些將產品銷售給企業的業務。這是惠普的第一步措施，也是一個

第 9 章　組織的演進：惠普 77 年

正確的道路。1999 年，時任惠普總裁卡莉・費奧莉娜操盤將惠普測試與測量業務進行拆分，安捷倫公司應運而生。2014 年 10 月 5 日，CEO 梅格・惠特曼（Meg Whitman）宣布惠普分拆為惠普公司（HP Inc）和惠普企業（HP Enterprise），前者專注於個人電腦和印表機業務，後者專注於伺服器、資料儲存設備、軟體和服務業務。這個轉變，將有利於惠普在這兩個不同的領域建構新時期的惠普之道。

惠普 CEO 李艾科曾說：「自 1990 年代中期以來，惠普基本上已經錯過了每一個主要的 IT 浪潮，惠普不是第一次網路革命的一部分。它錯過了轉移到 Web 2.0 的機會，惠普也不屬於雲端運算最早的一批。」反思這個結果，由眾多因素推動。從領導力來講，兩位創始人與其繼任者約翰・楊都證明了他們自上而下策略領導力技能，但他們沒有使資源分配制度化，也沒有使公司基礎設施制度化，以保證一種企業集團（例如奇異）的運作方式。盧・普拉特甚至故意放棄了公司策略的制定，他曾向羅伯特・伯格曼表示，作為 CEO，他感到他的職責是主持公司的價值觀和目標，把策略決策留給業務主管。卡莉・費奧莉娜和馬克・赫德雖然都透過併購增加了企業規模，後者還提升了盈利能力，但對於有效的成長，兩者都乏善可陳。

除了領導者在「策略 —— 執行」上的不足，惠普之道從一開始與測試測量業務的連結加之外部壓力，使企業喘不過氣來。例如馬克・赫德任 CEO 時期，惠普收購了電子資料系統（Electronic Data Systems，EDS）公司，收購發生後的前 18 個月，EDS 實現了盈利，但赫德決定進一步降低成本，致使太多人離開了EDS。惠普無法聽取被收購方關於被收購的意見，不了解服務業客戶合約的特點，也無法就其業務營運模式給出具體、有效的意見。惠普在約翰・楊領導時期，隨著印表機業務的蓬勃

發展，網路將成為潛在獨特新業務這一點已經被識別出來，可惜的是惠普在很長一段時間內沒有了解到其重要性，2001年前後曾想將惠普網路賣出去，如果不是價格過低（年收入3億美元，毛利率40%，估值只給到5,000萬美元）就出售了。一直到赫德掌舵，網路業務才得到一定的重視，兼併了競爭對手3com，從而加強了惠普在通訊業務上的能力，但顯然惠普在這方面行動過於遲緩，未能從網路業務的大發展中獲得更大的成長。

在菲奧莉娜和赫德的任期內，惠普試圖從以產品為基礎的策略（該策略專注於銷售個人電腦、伺服器和筆記型電腦），轉變為以服務為基礎的策略，基於該策略惠普能夠投身資料中心和雲端運算生態系統中。一位內部人士說：「董事會支持這一策略，惠普的主要管理人員也支持這個策略，但問題是惠普能跑多快，它是否能夠進行足夠的研發，這與過去所投入的淨利是不同的。」

這位內部人士的看法是對的。惠普從來不缺少對外界的認知和機會，也不缺乏內部的人才，他們缺乏的是進入電腦業務後公司沒有掌控組織複雜度的能力，因而出現了「外部環境──業務策略──組織」與人力資源建設不相符的情況。

9.6 對組織利用組織成熟度的啟示

在前面的章節中，我們認為可以一級一級地去升級組織成熟度。透過惠普的例子，我相信大家改變了想法。一方面組織成熟度建設與外部環境變化、組織的業務選擇緊密相關；另外一方面快速地建設組織成熟度，也是組織在選擇新業務時所必須重新評估──選擇──建設的。應該允許新業務在原有的文化背景下，形成新的商業模式和營運原則，

進而有明確的實踐。

在組織中，專業主義和業務變革是在新業務或者原有業務的營運需要更新時經常交替使用的。基於這個認知，筆者把組織成熟度階梯放在現實中予以重新表達，如圖 9-3 所示。

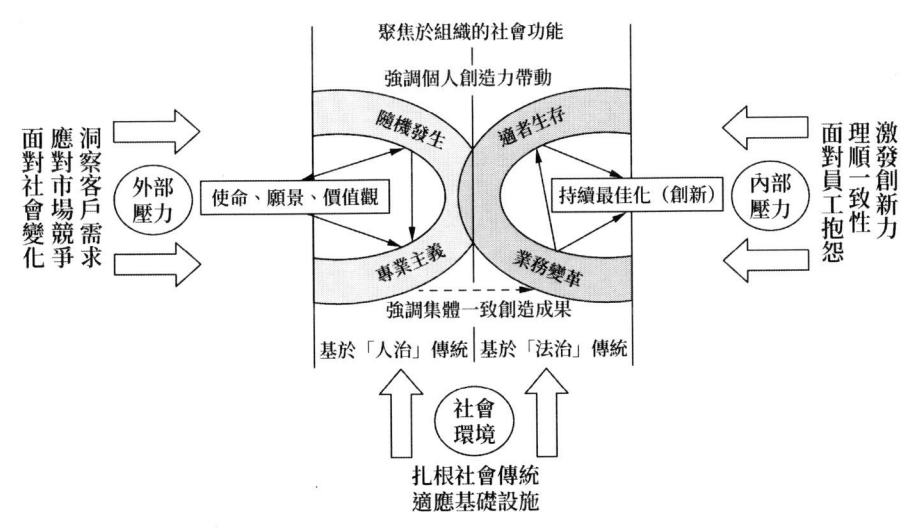

資料來源：筆者繪製。

隨機發生的組織也有其使命、願景和價值觀（雖然未必是聚焦於組織的社會功能，也可能是私人用處）；但要做到專業主義的階段，需要使命願景和價值觀具備吸引力，需要組織領袖「為政以德」，才能實現專業人士的跟隨，惠普創始人在這方面做出了很好的典範。但就像我們看到的那樣，這兩個等級都是基於「人治傳統」的，不同的是，隨機發生時，向領袖要生存；專業主義階段，是向所有人才要績效，算是一個集體產出。就像之前講的一樣，這兩個階段的轉變不是一定會產生的，需要組織領袖的覺察和不懈的努力。

業務變革是一種更大程度上、更有效的組織協同方式。基於外部需

第二部分　實踐和機制

求來塑造組織能力，一旦達到業務變革狀態，是必然會指向下兩個階段的。惠普印表機的發展就告訴我們在具備組織能力後，如何利用能力適應變化，透過連續的、有計畫的創新來長期占據市場領導地位。如果想持續獲得市場領導地位，業務變革是不可迴避的組織演進路線。而這三個階段，都基於「法治傳統」，雖然從專業主義進化到業務變革階段有一定難度，但一旦完成業務變革，則適者生存的組織能力和創新就相對容易了。這裡需要強調兩點：一是隨著數位化的發展，有很多組織在一開始就透過數位化方式，使業務流程達到了業務變革的狀態，它們反而要補的是組織的不足，那這個時候就要將組織和人力資源的建設與業務狀態相符合；二是專業主義到業務變革也不是一蹴而就的，一旦組織達到這樣的狀態，一定要總結組織變革的經驗，使之成為後續變革的一種模式，這是組織基業長青所必需的能力。

惠普的例子使筆者受益匪淺，讀者也可以根據自己掌握的資料來剖析任何您所了解的組織，其中的變化非常多，西方的邏輯思維已經很難表達。如果按照文化傳統，將組織成熟度演進過程和環境進行現代化表達，可見圖9-4。

該圖受某位老師研究《周易》的影響，他認為對應的「兩卦所代表的事物性質是根本對立的，但同時也是統一的，不可分割的，他們是一個整體」。這為我們看待八個維度提供了新視角。同時，成熟度階梯可以在太極圖中找到很好的表達結構，故而形成了組織成熟度不用階梯，而用太極圖來表示，八個維度用八卦來表示的重構。

太極圖的左側表示組織從細微處隨機發生，隨著壯大進入專業主義，但隱藏的是使命、願景和價值觀；右側的業務變革也是從細微處發起，進而演變成適者生存的狀態，但都是為了創新以創造客戶這個明確目的。

第 9 章　組織的演進：惠普 77 年

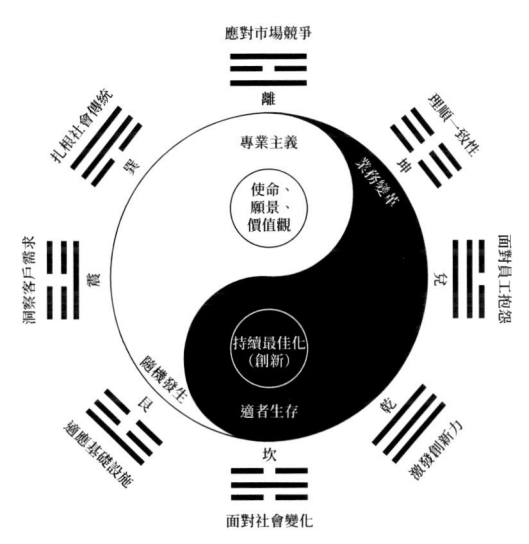

圖 9-4 實戰視角下成熟度的傳統文化表達
資料來源：筆者繪製。

　　八卦中，離卦的原意可以理解為太陽，在最上面。我們這裡用它代表應對市場競爭，就是說市場競爭是每天看到的事情，是每天可見且必須應對的；坎卦的原意可以理解為月亮，這裡它代表面對社會變化，表示社會變化往往是隱藏起來的，不可隨時見到的。太陽和月亮代表了在時間推進中的社會，社會包含著組織。右下三條橫線是乾卦，它的原意可以理解為天，「天行健，君子以自強不息」，在這裡它代表激發創造力；右上三條斷線是坤卦，它的原意可以理解為大地，「地勢坤，君子以厚德載物」，在這裡它代表理順一致性。左上是巽卦，巽的原意可以理解為風，它就像社會傳統一樣，我們有時候感受不到它，就已經深深被它影響；左下是艮卦，艮的原意可以理解為山，它就像社會的基礎設施，是組織必須面對的大環境。最左側是震卦，震的原意可以理解為雷和閃電，我們洞察客戶需求，就像需要雷和閃電照亮黑暗的現實一樣，才能看清客戶的需求；最右側是兌卦，兌的原意可以理解為沼澤，面對員工

205

第二部分　實踐和機制

抱怨時，雖然有一些驚喜，但更多像陷入沼澤一樣，深一腳、淺一腳地不知何時到頭。

在這八個卦象中，乾坤兩卦是父母，就是我們要在組織這個環境中，激發創造力，理順一致性，因此這兩卦是第一個層級。一旦產生組織就會有這兩個要求。同時，它們有三個是外向性的二級因素，分別是洞察客戶需求、面對社會變化、適應基礎設施；有三個內向性的二級因素，分別是扎根社會傳統、應對市場競爭和面對員工抱怨。這八個卦象相互組合，能滿足不同的場景。本部分到此結束，讓讀者了解基本內容即可；如果要展開，需要補充的內容太多，與本書的主題就偏離了，故不再贅述。

第三部分　人和組織的未來

> 有兩件事我最憎惡：沒有信仰的博才多學和充滿信仰的愚昧無知。
>
> ——愛默生（Emerson）

透過前兩個部分的闡述，我們知道組織是可以進化的。本部分要闡述清楚，這些進化在組織中除了人力資源實踐，還應該在哪些方面增強組織能力，以對外行使功能，對內有效協調。只有這樣，組織才能有效地聚焦，故而本部分是從組織發展視角闡述。

同時我們要了解到，人和組織是密切相關的，進化中的組織一定是要進行人力資本投資的。那這些投資以什麼方式沉澱在組織中呢？以流程的形式存在著，以制度和履職行為的方式存在著，以人員士氣的方式存在著。正是這樣的存在，使組織得以實現自己的政治、社會、經濟功能。而如何有效地累積人力資本，共創未來，是組織應該在進化每一步必須回答的問題。

> 第三部分　人和組織的未來

第 10 章　組織的發展與人力資本

　　前兩部分講了理論和實踐，講了人力資源管理和流程，本章從組織發展和人力資本的角度來闡述，共有兩方面的內容。首先講組織發展的目標應該聚焦於增加組織的創新力與一致性。無論是創新力還是一致性建設，都會落在流程、組織環境與工具建設上。其次講員工關係是組織發展建設的一面鏡子，照出了組織在創新力、一致性方面的不足，而重視員工關係，不斷重塑創造力和一致性，是聚集最廣泛力量，激發生產力，理順生產關係的關鍵所在。

10.1　組織的創新力

　　當我們講組織得到發展的時候，指的是什麼呢？主要有兩個方面：其一指的是組織創新力，是從外向內來看的；其二是指一致性，是協調不同的人在組織中的行為和不同貢獻的。下面，我們先說組織創新力，再說一致性。當講一個組織創新力的時候，往往是指以下三項能力。當這三項組織能力進步時，就可以說，這個組織得到了發展。

　　組織能力的第一項是策略（或者說目標）達成能力，也就是我們經常說的策略制定與執行能力，對應 APQC 流程分類，屬於制定願景和策略中的一部分。只要一個組織能夠定期去設計並達成自己的目標，一個服務客戶後達到的目標，我們就傾向於認為，這個組織當前是存續的，是有社會意義的。因此我們把策略實現能力看作是第一位的。這是一個什麼樣的能力？主要是確定策略或目標後，配合組織、人員、資源、流程、工具去達成目標的過程，它包括對策略（目標）進行分析（解碼），確定關鍵事項，圍繞關鍵事項去配置資源。由於這個過程中的動態調整，

第 10 章　組織的發展與人力資本

使執行過程成為一串連續、連貫的活動，透過這些活動，達成策略執行閉環，沉澱組織經驗。在這個過程中，組織發展這項職能往往能夠做的是幫助分析關鍵事項，進行組織框架設計、職位體系設計，與業務部門一起進行業務流程的設計，同時對關鍵職位，包括關鍵事項，與客戶緊密接觸職位的分析並形成對應的全面的人力資源解決方案。建立對應的績效和覆盤機制也是一個很有效的做法。這個能力建成的象徵是策略方向明確可描述，績效目標可以從策略中清晰地繼承下來，基於執行過程中的問題能夠用定期溝通的方式去面對，且可以針對這個閉環做持續的改進。這個狀態看似很簡單，但卻是很多創業組織甚至大組織都無法做到的，一旦無法做到，組織就是在無序中碰運氣，組織效率低，組織的成功率更低。正是因為要避免這種無序的狀況，才要求組織能獲得發展，很多組織才關注在無序中去建設策略──績效──溝通體系。這是所有組織建設和發展必須邁過的第一道檻。從流程上看，這道檻至少要基於此領域等級 2 的成熟度發展，並逐漸演進到等級 3，才能基本完成組織的此項「協調功能」。

　　組織能力的第二項一般是指組織的創新與行銷能力，對應 APQC 流程分類，開發和管理產品與服務、行銷銷售產品和服務、交付產品和服務、管理客戶服務應該都在其範圍之內。如果策略能力聚焦的是一段時間，能夠滿足當下組織的存活，那麼長遠去看，組織的創新與行銷能力才是一個組織存在的原因，這兩項能力是為了組織去創造顧客而存在的。先來說創新，很多人會把它看作是技術創新，特別是與組織自身提供的產品相關的創新，其實創新的範圍遠超過技術本身。舉例來說，你的組織採取線上支付就是一個創新，因為客戶可以更加便捷地支付，一些原本沒有現金或者原本資金不夠的潛在客戶可以轉化過來。「海底撈」

第三部分　人和組織的未來

對待等待用餐客戶服務的方式也是創新，這種方式讓顧客願意在「海底撈」的等待區等候，使得組織的客單量增加。上升一個層面來看，凡是和組織創造價值、傳遞價值甚至使用者使用過程中的價值體驗以及組織價值分配過程中所有提升效率、增強體驗的活動都可以叫做創新。換一個視角，它其實也是基於業務流程的知識管理和創新，它更關注行為，並轉化為流程執行能力。行銷是指建構與分銷商、零售商乃至消費者一體化關係，是價值傳遞的必經之路。這兩個方面和組織營運模式、組織能力息息相關，組織走過艱難的存活期後，就必須在自己如何滿足客戶需求、如何向客戶傳遞價值方面深耕，這個深耕可以是借鑑先進的技術發明，甚至為此延伸到基礎學科的進步；但更常見的是組織基於核心流程進行的持續改進，這些都可以歸納到知識管理和創新的範疇中來。在創新和行銷方面，對於創業期的組織而言，如何打通行銷這個通路是創業策略成功的必贏之戰。也就是說，要率先找到符合組織的模式，需要考慮產品、行業、區域、線上、線下協同等多個方面；對於成熟期的組織來講，如何更好地影響分銷商、零售商乃至消費者，如何讓行為和機制更有利於影響更深、更廣是一個持續的問題。

　　組織能力的第三項是變革，對應 APQC 流程分類，應該屬於開發和管理業務能力的一部分。前面兩項能力分別講了如何活下去以及如何活得更好，但再好的組織也有面臨客戶需求有重大變革的時候。社會需求的變革往往意味著對組織內知識和行為模式的疊代，疊代對組織的靈活性要求較高，但一般組織是原有的組織行為和知識技能使用的慣性更高，故一般情況下變革是組織要渡的劫。其中又分幾種情況：第一種情況，一些變革往往在組織內部以重點專案的形式來推展，例如成功實施 IPD 流程，需要動用組織內最優秀的專案經理，需要高層領導者重點投

入。第二種情況是要擴展組織的業務範圍,往往是在產品和服務上的增加或是在更多的市場上增加通路和銷售。此類情況除了要關注多元化經營需要滿足的市場或技術至少有一項統一之外,還要關注組織原有的機制和新業務、新市場不相符之處,因為必須為新業務配備全新的機制才能支持它的成功。第三種情況是一個組織執行到了舉步維艱的時刻,需要重新識別市場需求、重新組織內部能力,重新塑造組織品牌的內涵,例如郭士納(Lou Gerstner, Jr.)之於 IBM,賈伯斯(Steve Jobs)重回蘋果。這類變革最難,最考驗企業家對組織改變方向的駕馭,是組織改革中最為複雜的部分。渡劫成功,組織就重生了;否則就會像 Nokia 一樣,散為更小的其他社會單位繼續向社會貢獻了。

這三項能力講了三個層次,分別是能夠跑通商業模式、能夠有更高效的商業模式、價值貢獻以及能夠靈活地根據社會變化來駕馭變革,這樣組織才能延續其經營之道。這三項能力都是開創性的能力,但難度依次增加,具備這樣能力的組織,能保證持續向社會貢獻價值,在實現其社會功能的同時獲得比較好的回報。圍繞這三項能力去建立組織的目標 —— 流程 —— 團隊 —— 人才體系,是組織的進化、生存之道。

10.2 組織的一致性

說完組織創新力,再來說組織發展的一致性。也主要表現在三個方面,分別是文化、決策方式和人的發展。如果這三個方面的一致性增強了,我們也往往說,這個組織得到了發展。

當我們講文化時,首先是對願景和使命的認可,願景和使命是我們吸引不同人群加入的根本原因。一個組織能夠發揮多大的社會功能,往往決定了它能吸引什麼樣的人才,在使命和願景之下,才是組織對待客

第三部分　人和組織的未來

戶、員工、股東、事件、矛盾、工作的基本原則。在講到文化時，有四點需要關注：第一，組織的文化往往是社會大文化的一個子類，它一定是組織的創始人和核心決策層對社會中文化的繼承和發展；第二，文化是處理矛盾時的基本原則，沒有矛盾就沒有文化；第三，文化是所有與組織接觸的人對行為的感知；第四，每個組織面臨的往往不是沒有文化，而是文化原則不清晰以及濃度不夠。當客戶和員工對組織文化的認知趨同，一致性增強，那文化就會成為一股強大的力量，成為組織「協調」這個基本行為的強大助力。文化的功能性在很多情況下表現為價值觀。價值觀這個事情大家有時候感覺很虛無，其實它的運用主要表現在三個方面，可以不斷地細化和改進：第一個方面是高層核心團隊的身體力行，例如他們出差是坐商務艙還是經濟艙，他們會不會利用自己的地位和影響要求使用貴賓休息室，他們住的飯店是不是一定要五星級，一定要行政套房，這些都是員工關注的點；再如他們是不是對外關注客戶的需求，對內關注員工的招募、發展活動，他們花多大的精力去從事這些工作，這些都是員工切實能感受到的。組織內部人和人之間是否平等，員工是否願意追隨一個主管或主管集體，這些行為都是至關重要的。因此我們講高層主管要德才兼備，特別是核心決策層的主管要德才兼備，才能使一個組織充滿正能量。第二個方面是說組織的基本制度（也可以看作是某些專業領域的基本原則），例如我們是如何設定績效獎金，如何處理加班，如何面對客戶的需求第一時間響應的，這些都涉及制度層面的安排，是組織在處理矛盾時的基本準則，員工、客戶都能夠感受到。第三個層面是行為層面，包括正確的行為和不正確的行為，這在組織中是比較常見的。對待客戶需求，什麼是對的，什麼是不正確的行為，是組織都樂於萃取出來的，這是在實際工作中總結和不斷提煉的。小的組織有

一個清單去不斷核查、改進就好,大的組織怕是要做一些細分才能更好地指導各個部門在不同的、重要的業務節點上有正確的行為。組織文化對組織是一個方向牽引,這個牽引增加了組織內部認知的一致性。但要關注的是,不要去刻意地追求文字的優美和邏輯的縝密性,反而要關注表裡如一,只有這樣,文化才會成為組織的牽引力量,才能增強其一致性,才能做到《論語》為政篇中講的,子曰:為政以德,譬如北辰,居其所,而眾星拱之。

組織一致性增強的第二個能力容易被忽視,它就是組織的決策方式,或許應該說是組織的決策和執行能力搭配度更高。馬奇和西蒙(March & Simon)說,「組織是偏好、資訊、利益或知識相異的個體或群體之間協調行動的系統」,那這個協調工作在組織的日常中就表現為決策。很多人把決策看成是偉大領導所必須具備的能力,如果我們觀察組織中的過程,其實它是一個凝聚組織共識並行動的過程。組織的共識凝聚越高,決策與後續執行的能力就越強。行動學習中講到高效的決策(ED)=正確的決策(RD)×對決策的承諾(CD),如果你在從偏好、資訊、利益和知識相異出發,就知道決策本身的難度了。這其實也是組織社會層面的難點。通常來說我們要讓決策對應行動的執行人明白決策的真實含義,從理論基礎上來講,獲得執行人對決策的承諾至關重要,它是決策能夠被有效執行的基礎。我們觀察企業界的案例,無論是傑克·威爾許在 GE 推行的 Workout,還是某企業家推行的行動學習,其目的都是群策群力,協調人的認知和行動,達到在當前節點上正確決策需要的足夠多承諾。在這個過程中,其實組織發展這個職能能做的並不多,作為一個工具、方法論的推行者或許更為合適,但自上而下的效仿作用比推行方法論更有效。從更深一個層次來說,決策是必須以資訊為重要基

第三部分　人和組織的未來

礎的，但資訊掌握在不同專業人的認知和判斷上，我們第一要讓資訊，特別是一些隱性的資訊和前提假設顯性化，在有足夠多資訊的基礎上去定義問題和行動，讓大家在平等、共創的過程中看清決策事項的全貌，進而了解其意義，增加執行人的意義感和其他相關人的支持，並關注決策中的不同意見。這個理解對於「聰明人」尤其難以接受，對於他們來說眾人的主意不夠聰明，但筆者想強調的是：群體智慧是決定組織決策和行動品質的必要條件；另外，能接受多少意見，接受哪些意見，是一個領導者修為的重要表現。

組織一致性的第三個表現是人的發展。從專業的視角看，是職業發展設計，是任職資格體系。從組織發展的角度看，它既是對於員工發展的承諾，是一種事先的告知，是一種事先的協調機制；對於社會和組織來說，也是提升人力資源品質的有效方法。它是人在組織中獲得績效後，組織對個體回報的一個事先承諾，是對員工在專業路線發展上的持續承諾。一個組織往往很難有充足的資源去滿足所有人的發展，因此一般組織關注的是管理者的發展，就是各類組織中帶團隊的人，他們對組織的影響重大，對組織的前途、效率、員工的成就感背負責任。也正是因為如此，很多卓有成效的組織，都把管理者的認知和行為轉變當作是一個組織能夠健康發展的起點。這固然很重要，但還有兩類人也要納入重點發展的範圍，就是和組織的創新、行銷相關的職位人員。這些人的工作被分析，流程被設計，訓練被標準化並持續吸納他們自己的智慧成為組織中人員發展和組織能力發展緊密結合的創新點。一旦管理者、創新和行銷的核心人員被培養起來，這些人員就會得到很好的任命和安排，附加效果就是組織的能力增強了。

這一部分主要講一致性。和第一部分創新力的逐漸增強不同，這一

部分主要從建構組織環境的角度來看，如何減少協調中的不一致性，增強組織在實現願景、目標中的一致性。使命、願景和價值觀關注的是方向、制度和行為的一致性；決策方式關注的是在方向、制度、行為一致的情況下，就具體事項達成一致並高效執行，實現意願和行為的一致性。員工發展主要是關注員工的核心訴求，增強其在組織內部貢獻的動機，同時給予合理的回報，實現貢獻和回報的一致性，在微觀上做好分配。

組織本身的發展不是唯一目的，組織在實現其本身目的，創造客戶方面的進步才是社會想要的；而對於在組織內的人，他們自己的發展和利益保障才是被重點關注的。

在增強創造力方面，我們主要和 APQC 的營運流程相對應；但一致性並非和管理與支持流程相符合，筆者認為管理與支持流程（附表1：6.0～11.0）都是專業領域，可以和營運流程一樣按照成熟度的架構去實現成熟度進化，而一致性是所有專業領域進化所需要的條件，屬於組織環境。由於這個組織環境很重要，是激發人的起點，因此下一節我們特別闡述員工關係，來看看這個起點，這面鏡子。

10.3　員工關係

上面兩個部分講到了創新力和一致性，講到員工關係是創造力和一致性的鏡子。那它是如何照出我們創新力和一致性的呢？我們先從兩個案例中進行學習。

10.3.1　從某電子科技集團事件說起

2023 年受關注較多的員工關係事件當屬某電子科技集團事件，其始末簡要描述如下。

第三部分　人和組織的未來

4月分，在網路上流傳出一段疑似某電子科技集團內部群組的聊天紀錄。聊天內容大意為管理層強制員工加班，員工因不滿最近長時間加班而在即時通訊群組內與上級展開激烈的交鋒，進而引起一大群員工辭職的「事件」。雖經警察局調查，此乃陳某的虛假編造，卻在網路上引起了廣泛的共鳴與討論。

事件之後，有些「網紅」出來說，要落實勞動法之類的話。本節談談筆者的觀察，從小處看，這是員工關係，從大處看，這是生產關係，不得不慎重對待。

首先還是從這個事件說起，之所以它能引起人們的同理和圍觀，是因為這是一個相對普遍的現象，而不是個例。某電子科技集團雖然冤枉，但這和品牌建設有一定的關係，就是受眾從認知上更相信個體敘事而非組織品牌，這是一個值得所有組織反思的問題。就事論事而言，無非有兩點可以吐槽：加班無序令人厭煩，管理者在處理此類事件時的領導力不足。我們先就這兩個點來說說。

加班在歷史上造成衝突的例子特別多！我們先看幾個相關研究：一個軟體行業可信的觀察研究是這樣的：員工剛開始一週工作60小時，前幾週時間總是能比以前完成更多工作（這是一個誘因或應急時不得不採取的方式）；但從第5週開始，員工們完成的工作，會比他們每週工作40小時的時候少得多（來自群體的疲憊與反抗，但往往都被忽視了）。第二項研究以醫院胸腔外科診室為對象，調查的是隨著每位醫護人員接待患者數量的增多而產生的現象。短期來看，單人接待更多患者會實現生產力的提高，醫生也能以更快的速度治療患者。但這樣做的代價是：在忙著處理病人的時候，醫生會疏忽大意，導致患者的死亡率上升。除了這個嚴重的後果之外，醫院管理每一位患者所用的時間也都有所延長。

第三是一項以建築專案為研究對象的結果顯示：每週工作時間在 60 個小時以上，持續超過兩個月時，員工由此累計形成的生產力會下降，導致完工日期的拖延。很多人認為這些研究都不可靠，那就說一個歷史上真刀真槍面對這個事情的人，福特公司的老福特，他在 100 年前就意識到了工作時長和精力之間的關係，現在每週 40 個小時工作時間的規定，這位老先生算是開山鼻祖（和等級 1 對他的批判不同，此處對其持讚揚態度）。雖然資料沒有那麼全，可信的說法是這位老先生進行了為期 12 年之久的實驗，將每週的工作時間從 6 天減少到 5 天，每天的時間從 10 個小時降低到 8 個小時。與此同時，老福特還把工人的薪資提升了 5 倍。這在今天看來是不可思議的事情，實際情況也是增加了總產出，減少了組織的生產成本，福特需要維護的人力資源的規模降低到了原來的 6 分之 1。後來有人評價說，正是福特的這個變革，使工人購買得起轎車，托起了美國汽車工業的大發展。老福特雖然在管理史上被彼得·杜拉克批判得很厲害，是管理實踐中的反面典型，但筆者認為老福特這個資本家有他自己的智慧：既考慮到了組織利潤，也包含了部分人文主義關懷。

上面談的都是書上的例子，我們再舉一個發生在首都城市的例子。某鋼鐵公司的老董事長，他對工作要求極為嚴格，對工人的激勵也非常到位。公司原本在國家政策（每年淨利潤遞增 7.2%，剩餘利潤歸組織分配）下，利潤分配的規則是 6：2：2，60% 投入再生產，20% 用於員工調薪，20% 用於員工福利。大家說 20% 調薪的效果是什麼，筆者舉個訪談的例子。一位老員工述說了他的調薪經歷：第一次從普遍 30 元左右的月薪漲到了 165 元，第二次月薪漲到了 543 元。這兩次調薪就隔了一年，更不用說董事長用另外 20% 為員工修建了一個又一個住宅社區。你可以想像一下，在大家普遍 30 元月薪的情況下，你的員工是社會平均薪

第三部分　人和組織的未來

酬的 20 倍左右，你的員工會是什麼感受？絕對是被激發的主角精神和自豪感，這個時候別說沒有加班，有加班大家也不會到社會上去抱怨。你看當前社會上先進的組織，他們是不是就是這樣做的。在這種情況下，鋼鐵公司虧損了嗎？沒有！反而創造了輝煌的十幾年，規模和利潤節節高升。

我們接著來說另外一個詞：領導力。在這裡批評領導力，主要有以下三點：第一是領導者的策略失敗，在一個行業中抓不住新機會。作為組織領袖，沒有創新就沒有新的活路，就會一直存在於和員工關係的緊張狀態下。第二要批評對員工的培養不足。當前社會上用心培養員工的組織並不多，甚至有的超大型組織都喊出「我們從來不培養人，我們只選擇最聰明的人」，筆者不贊成這樣的說法和做法。即使最聰明的人，也需要適應環境才能做出成績，組織業務流程不培訓員工，員工就要自己去創造，甚至去抄襲，每個員工的流程和作業程序都是「抄襲的」，哪裡來的協同和高效呢？組織能力都是靠協同來創造的，組織沒有要求員工把這些既定的流程做好去服務客戶，只是要求員工去承擔責任，沒有衝突才怪！第三我想說說如果有這樣的領導者，他們是如何被招募和提拔的？難道不值得我們反思嗎？（對領導力的批評直接對應等級 2 的不足，對員工培養的不足指向等級 2 和等級 3。）

10.3.2　一次群體員工關係事件干預

本節說一個筆者親自參與處理過的群體員工事件，它的代表性也很突出。

背景：X 組織主要的業務是生產、銷售 R 類產品。為了激勵銷售人員，銷售總監、創始人、財務負責人在年初共同確定了分紅激勵政策，

毛利額的一定百分比要分給銷售團隊作為現金激勵（銷售分紅）。銷售總監在政策制定之初熱血沸騰地認為這個政策一定能成功，財務團隊沒提出什麼反對意見，因此創始人同意了。

在實際執行過程中，毛利核算很複雜，因此經財務負責人建議，每月改核算為估算，這樣才能正常發放現金激勵。到了12月，創始人要求財務負責人不能再估算，必須把全年的帳目核算清楚。於是12月分針對前11個月的核算投入了龐大的工作量，到發薪之日仍沒有核算清楚。於是財務通知員工，11月的分紅在12月暫停發放，等核算清楚之後再發放。由於「雙十一」是銷售旺季，員工認為分紅會很多，懷疑公司故意不發，對此意見很大。

創始人對銷售總監全年的業績不滿意，銷售總監自己也能感受到，但他的表現是向其他人表示：自己一年為公司鞠躬盡瘁，導致身體也不太好（沒有功勞也有苦勞嘛）。創始人藉此機會讓他休息3個月再說，相當於剝奪了他的實際權力。銷售總監和團隊聚餐後就開始休假了。

於是2個線上業務團隊、1個線下業務團隊、1個客服團隊還有行銷團隊在公司企業即時通訊群組裡對財務部人員群起而攻之，要求財務必須在某一天下班前發放分紅，否則後果自負。對於財務來講這個事情顯然不可能完成。所有管理者在群裡都勸誡無效，員工情緒非常激動。群體性的員工關係事件由此開始。

任務：筆者被創始人找到，和新的HR一起平息這次群體員工事件；如果可能，達到凝聚員工士氣的結果。

於是筆者和HR一起採取了以下干預活動：

①要求HR把前11個月的分紅發放資料給筆者，分析這幾個團隊有何區別。

第三部分　人和組織的未來

②要求財務必須就核算給一個期限，然後根據業務貢獻形成分配結果。

③筆者首先找到行銷團隊和一個線上團隊，因為這個線上團隊還在培育期，並沒有多少分紅，這次事件他們純屬於被迫跟風，於是筆者和他們談是不是可以正常推展工作。財務一旦確定數字，保證這個團隊的負責人第一時間知曉並讓她參與確定分配方案，這個團隊爽快地答應了。筆者與這個團隊之前有過接觸，所以採取了一個很大膽的做法，就是一對多談判，同時和整個團隊談，這樣他們也知道筆者是沒有什麼隱藏的，是正大光明的，但風險是很有可能無法控制。在和行銷團隊談的時候，筆者就找了負責人，說明想法之後，她認為沒有問題，她可以去做團隊的工作。這兩個團隊安撫之後，筆者又去找線下團隊如法炮製，也得到了承諾。在這個步驟中，筆者也得到了新的資訊，銷售總監在休假之前和他們聚餐的過程中透露了兩個消息：一個消息是公司可能遇到了困難，至於什麼困難他也不說，這一點讓員工很緊張；另外一個消息是他準備單飛，問幾個主要員工要不要跟著他。

④上述團隊安撫之後，筆者繼續發力，找到了另外一個線上團隊，原因是之前和這個負責人打過照面，算有一面之緣。但不可預料的事情發生了，這個線上業務團隊的負責人帶著下屬和客服團隊人員來找筆者。筆者的態度很堅決，本來就是幫助解決問題的，沒有個人的利益夾雜其中，但涉及他們每個人的利益，希望先和業務主管了解情況之後再集中談，希望大家能理解。員工的態度也很堅決，必須一塊談，現場拿出解決方案。於是這個談判擱淺，筆者再去找之前談過的人來做他們的工作，未果。

第 10 章　組織的發展與人力資本

⑤當天下午，沒有談判成的 5 人集中到公司所在街道派出所投訴，派出所打電話過來，筆者和他們詳細解釋了過程，派出所表示理解並支持公司的做法，但希望公司繼續與他們溝通。筆者原本想第二天再去與他們溝通，結果是當天沒有談判成的人員中有 4 人發郵件提出離職：郵件內容一模一樣，由於公司不能正常發放分紅，被迫離職，會提出勞動仲裁支持自己的訴求。第二天又有 1 名員工發出相同的郵件。說句實話，即使筆者處理過不少員工關係事件，但這個結果有點激烈，超出了當時的判斷。

⑥基於員工當天辭職的特殊情況，組織的第一件事是趕緊就無法運轉的職位找人頂替起來，還好公司其他的員工相當幫忙，把這條線上業務和客服業務迅速接起來，沒有導致業務中斷。

⑦3 天後，財務的核算結果出來了，與之前銷售總監預估的數字差距較大。「雙十一」的銷售，公司的毛利是虧損的（行銷活動做大了！缺少基本的測算），也就是說如果按照之前的計算，不是公司應該發分紅給員工，而是員工應該退分紅給公司。財務負責人把這個數字彙報給了創始人，也把這個意見告訴了創始人，同時告知了筆者。

⑧筆者直接打電話給創始人，在三個意見上達成了一致：第一是造成這個局面的原因不是員工的錯誤，而是制度錯誤。這個制度是管理層制定的，在執行的過程中，員工只是被動接受，沒有任何干擾制度執行的行為，是公司流程無法執行才導致的這次事件，因此造成分紅多發，應該定性為管理層的管理責任。第二，對核算結果，和每個業務團隊溝通，必須讓大家知道這是一個真實的結果。第三，必須對員工「雙十一」的付出予以表示，按照不低於 10 月分的分紅發放。雙方很快達成了一致。

第三部分　人和組織的未來

⑨筆者迅速地告訴了大家結果，同時安排和財務溝通不同業務的情況。大家很快認可了數字，接受了「雙十一」這個辛苦但低廉的分紅。業務得以正常推展，員工認為在關鍵時刻，在公司制度出錯誤時，公司不會把員工當替罪羊。

⑩最後創始人提議，就這個制度制定和執行的錯誤進行內部通報，批評他自己、銷售總監、財務負責人負有管理責任。H城Y區接受了5名員工的仲裁案件，HR認真整理了組織留存的證據，最後仲裁支持組織根據原有的約定進行分紅發放，員工的訴求不予支持。

從員工關係上，這個事件算是結束了，獲得了一個相對公正的結果。但給組織的反省是：員工關係其實是機會，是組織生病了的結果，這些病可能並不會一下子要了組織的命，但員工已經是非常難受的時刻了，呈現出了組織的「病症」。因此，我們總說在員工關係方面，員工「所感即為真」，這些感受要被認真地傾聽，並反映到我們制度和流程的改進中。

在這件事之後，第一，X公司更新了銷售團隊的分紅制度，按照季度進行核算，和每個銷售團隊簽訂了目標責任書，按照淨利潤分成；第二，公司產品的價格體系是有問題的，之前燒投資人錢時，注重銷量不注重利潤的做法應該予以調整，公司可以對培育期產品進行支持，但不對所有產品進行支持；第三，更換了新的客服負責人和業務線負責人，公司業務進入相對有序的發展。

某電子科技集團事件談到了加班時長和領導力，其實在員工關係中還有非常重要的一點就是分配關係。員工服務客戶創造了利潤，員工應該在利潤中占有多少分配權？雖然土地和資金是生產要素，但勞動和知識也是生產要素，是生產要素就要有分享利潤的權利，這是毋庸置疑

的！2014 年，某企業提出員工的勞動所得與資本所得的比例為 3：1，這個是根據經驗得出來的，也有很多利益分配推展的組織，是我們應該鼓勵和學習的。

10.3.3　數位經濟時代員工關係處理原則

筆者往往把員工關係分為以下幾類：員工對在組織分配關係中的地位不滿；員工對公司制度或者慣例執行的不滿，以及對管理層行為，特別是對溝通的不滿，這在上述兩個案例的敘述中均有表現，我們分別予以說明。

第一，組織應該關注生產關係，激發生產關係，在此基礎上一定要把分配關係說清楚。上述企業都是很好的案例。這兩個例子中的組織在採取明確的分配方式時並沒有上市，所採取的策略也不同，但其都明確了勞動者的權益，為的是公司更好地發展這個治理目的，都得到了勞動者更廣泛的擁護。這裡要提醒廣大的上市公司，有必要明確員工在分配關係中的地位，否則公司每年分紅都會傷害一次員工士氣，這樣下去，團隊是很難激發出來積極性去提升生產力的，生產效率無法提升，分配關係就更不可能做好，組織領袖和 HR 一號位，對此都有不可推卸的責任。

第二，在公司制度和慣例的管理中，要說清楚原則。例如加班，要根據適當的工作場景對工作時間進行設計，這方面的研究並不少，要勇於在內部去實驗，在內部去使用這些原則。例如上述提到的軟體開發人員的加班，連續加班 5 週其效率是會降低的，增加工作時間已經變得沒有意義了，這個時候加班有什麼作用呢？管理者要承擔起領導責任，多想辦法如何去高效地完成工作，在平時有效地訓練員工，而不是在緊急

第三部分　人和組織的未來

時刻放手不管，把所有責任都向下推。

第三是與員工的溝通。自上而下溝通要透明，有事可以事先透過公開管道徵求意見，說明原因，不要事後員工意見沸騰了再去滅火，這個效果是最差的！更不要想著去欺騙員工。還有，內部要有通暢的管道收集意見，要有集中的處理意見機制，特別是對於那些有一定規模的公司，員工關係的處理考驗的都是組織能力，不是一個 HR 部門、一個員工關係職位能解決的，公司可以設定人力資源委員會或者類似的機制來研究、決策、溝通這些員工關係問題。

透過上述內容，我相信大家都能了解到，員工關係不是和員工打交道，而是建立高效的生產關係，建立公平的分配關係、創造以結果為導向的人際關係的起點。正是從這個層面說，我們建構一個組織人力資源到人力資本改進的路線圖是有意義的，沒有高效的生產關係，員工的成長和收穫都會變少，分配關係也難言公平，組織內的文化亦難以正向。

組織創造良好的員工關係還要考慮到社會這個大環境，這其中有政府治理的部分，也有這些年知識工作者迅速擴展帶來的挑戰，知識作為生產材料進入價值創造的全過程，這是非常大的社會變化之趨勢，值得慎重、認真地對待。

10.4　小結

本章分三部分，闡述了組織的創新力、一致性。創新力對應業務流程方面建設，一致性屬於組織環境搭建，都是圍繞管理的概念和組織成熟度展開的改進工作，屬於正向的建設。但管理激發的主體是人，因此員工關係、員工的狀態是我們完成這些工作的前提，而在員工關係的回饋中能呈現我們在創新力與一致性方面的不足。

第 10 章　組織的發展與人力資本

　　對照組織成熟度能正向地設計組織進化的藍圖，傾聽員工的聲音能保障我們認清自身的不足，而聚焦於這些不足也是凝聚士氣，激發員工改進流程、工具和文化的開始。員工關係永遠是一面鏡子，照出我們的不足，也是組織改進的泉源、社會進步的起點。數位化原住民越來越多地進入組織之中，將極大地推動組織的進化之路。

第三部分　人和組織的未來

附錄　簡說流程管理

附錄　簡說流程管理

本書從三個視角出發：組織、流程與人力資源。在過程中我們講到了組織的概念，講到了 22 個人力資源的專業領域，對流程一直沒有提及，這是增加此附錄的原因，讓讀者有更全面的視角來簡要了解組織的主要流程；第二個原因，當我們採取業務變革行動時，往往要落實到一類流程上，本書是以 IPD 為範例的，但要讓讀者有更多的選擇，流程的介紹是無論如何躲不過去的。

流程的定義繁多，我們隨便就可以抽出幾個來。ISO 9000：業務流程是一組將輸入轉化為輸出的相互關聯或相互作用的活動。麥可‧漢默（Michael Hammer）：業務流程是把一個或多個輸入轉化為對顧客有價值的輸出活動。H. J. 約翰遜：業務流程是把輸入轉化為輸出的一系列相關活動的結合，它增加輸入的價值並創造出對接受者更為有效的輸出。這些定義並不會為我們理解流程增加多少幫助！

流程這個詞，來源於英文 process，也可以翻譯為過程，算是個舶來品。當我們想到工作場景中的流程時，一般有兩種場景（不考慮作為評審、核查的角色出現）：作為管控方，把自己的專業化流程向別人講清楚或者予以指導；或者作為使用方，按照別人的流程來達成我們想要的結果。如果要求再解釋一下，就會想到流程圖。

大家完全可以理解流程的輸出對我們來講是有意義的，但說到流程是如何實現增值的，甚至如何在組織層面形成競爭力，則很難建立起有關於此的畫面。有過一些經驗的人，會想到流程管理的規則或者技術。

本節嘗試從流程管理的角度來闡述，如何從組織整體的視角來管理好流程，進而形成組織競爭力，也作為 HR 視角的一個流程基礎章節。

同時，筆者也對提出「流程」這個詞保持謹慎的態度，因為對於數位化原住民來說，這個詞似乎是一個「舊詞語」，在數位化原住民看來，數

位化本身已經承擔了很多責任，改改程式碼便能完成新的功能。另外，營運這個詞的誘惑性應該是遠大於流程的。即使了解到這樣的現狀，筆者仍然認為這是必要的，因為流程為我們提供了一個可以交流的架構，也整合了更廣泛的人類智慧，是組織營運的基礎，是可以研究、討論和持續改進的基石。

1. 流程的分類和分級

如果要拿出一個讓讀者一眼就忘不了的組織流程分類，我首先想到了美國生產力與品質中心（American Productivity Quality Center，APQC）的「流程分類分級架構」（Process Classification Framework，PCF）。它最初是 1991 年基於 APQC 為業務流程的分類方法而提出的，目的是建立高水準、通用的公司模型，該模型鼓勵組織從跨行業的視角來審視自己的活動。我們來看它的分類（見附表 1，2014 年版本）。

附表 1 APQC 流程分類表
資料來源：王玉榮、葛新紅《流程管理》第五版。

營運流程		管理與支持流程	
		6.0	開發和管理人力資本
1.0	制定願景和策略	7.0	管理資訊技術
2.0	開發和管理產品與服務	8.0	管理財務資源
3.0	行銷銷售產品和服務	9.0	獲取、建設和管理資產
4.0	交付產品和服務	10.0	管理組織風險、合規、補救和修復
5.0	管理客戶服務	11.0	管理外部關係
		12.0	開發和管理業務能力
以上存在時序先後關係		以上不存在時序先後關係	

附錄　簡說流程管理

　　讀者看這個表也沒有什麼感覺，為了方便記憶，筆者在 APQC 的圖片基礎上，重構了一個圖（見附圖 1），這個圖主要想說明：營運流程全部是圍繞客戶的，是組織作為一個實體在社會中展現的創新力——創造客戶；管理與支持流程是組織與外部連結的，保持組織與社會環境和資源的協調性與一致性。

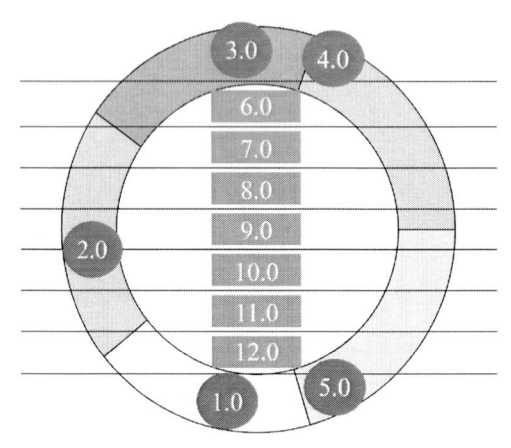

營運流程（有先後時序關係）
　1.0 制定願景和策略
　2.0 開發和管理產品與服務
　3.0 行銷銷售產品和服務
　4.0 交付產品和服務
　5.0 管理客戶服務

管理與支持流程（非時序關係）
　6.0 開發和管理人力資本
　7.0 管理資訊技術
　8.0 管理財務資源
　9.0 獲取、建設和管理資產
　10.0 管理組織風險、合規、補救和修復
　11.0 管理外部關係
　12.0 開發和管理業務能力

附圖 1 重構的 APQC 流程分類
資料來源：筆者繪製。

　　管理學實踐應該注重矛盾的提煉，創新力和一致性是筆者的語言體系，大家可以用自己的語言體系，只要方便理解就好。其實這裡也不是矛盾，即不是對立的，而是對應的。也就是說，當營運流程開始運作的時候，對應地，管理與支持流程也必須開始了，但它們的關注點不同。

　　除了流程的 12 個大類，APQC 還給出了流程分級，我們上面看到的只是它最基礎的流程大類（category），屬於第一級；第二級是流程組（process group）；第三級是流程（process）；第四級是活動（activity）；第五級是任務（task）（此處和前文敘述不一致，在中文場景下，我們往往認為任務大於活動）。2014 年的版本給出了超過 1,000 個流程和相應的活

動。有了這個分類和分級的機構，讀者就可以把自己組織內所有活動一眼看穿了，或者至少有一類的流程場景在你腦子中浮現了，這便是一個好的開始。如果根據你所在組織的場景把流程重新設計出來，我相信每個組織的 CEO 或流程負責人對組織的認知和掌控力就會上一個新臺階。

2. 流程管理要點

我們要流程不是用來看的，而是用來提升組織效率的，所以即使把所有流程設計出來，那又能怎麼樣呢？我的答案是還真不能怎麼樣！除了你的認知更清楚，卻無法在組織層面產生價值。這可能也是所有組織的困惑，那我們應該如何管理呢？

這裡只講一個基本原則，叫「亮點在節（活動與任務），追求在章（流程組與流程大類）」。什麼意思呢？要做出亮點，就要找到活動與任務的知識點；但要彰顯系統威力，就要在一個流程組或流程大類形成組織的競爭力。之前的章節講的業務變革，深一層來理解也是這個意思。如果這麼說讀者不明白，我們舉幾個例子來說明，先說「亮點在節」。

先舉一個某管理顧問公司常用的例子，這個例子筆者聽過，為了準確，我還特地請教了一下張老師。故事是這樣的：有一家蛋糕店，和其他蛋糕店一樣，是這樣和進門的顧客打招呼的：「您好！請問有什麼可以幫您的？」這個時候大部分的客戶都會回答說「我隨便看看」。於是這個現場銷售人員和已經進門的潛在顧客的交流就這樣結束了。後來這家蛋糕店請管理顧問公司的老師去諮詢，看從流程上來看是否有改進的空間。他們真的就發現了一個可以改進的話術點，銷售員的第一句變為「請問您品嘗過我家的蛋糕嗎？」，如果客戶說「是的！」，銷售員會說「那您是我們的老客戶了，我們今天針對老客戶有一款特別活動，請您

附錄　簡說流程管理

到這邊來，我向您介紹」，邊介紹邊讓客戶試吃；如果客戶說「沒有品嘗過」，那麼銷售員則會說「歡迎您第一次光臨我們的蛋糕店，我們今天有一款特別針對新客戶的活動，請您到這邊來我向您介紹」，後面也會安排試吃活動。這是一個常見的銷售話術改變，這個改變把客戶和銷售從不願意交流提升到願意交流並轉化為90%的試吃率，從消費心理學來講，如果吃了人家的東西還不買，多少有點虧欠，加之這家店蛋糕的美味程度正是其所長，於是試吃率的提升進一步提高了轉化率，使得客單量增加，銷售業績成長。這是在一個沒有其他行銷投入的情況下，在店面做的改進。

　　上述這個蛋糕店的例子，便是一個任務層面的亮點，能直接提升流程的產出效率，這麼一說大家就明白了。前面也講過籃球投籃的例子，也是找到任務層面的節點，在個人、職位層面萃取就好，萃取了就可以推廣。我在這裡還有幾個實際的例子，擴展一下幫助讀者更容易理解。

　　小陳在練字的過程中有一個竅門，就是每次練完之後貼到牆上，看哪個字好，如何寫得好，下次如何堅持，有沒有改進的地方？哪個字寫得不好，為什麼，哪裡可以學習，再練習如何寫好。這樣慢慢地積少成多，幾千個漢字肯定也不夠他這樣練習的，他靠這一點不僅在字型上精進迅速，對各類字帖的掌握和理解也能更上一層樓，這就叫「亮點在節」。它就是一個活動，一個關鍵的可以閉環的持續的活動。寫字如此，凡是涉及練習的事情不都是如此嗎？

　　筆者再舉一個招募中的例子，以前組建高階人才招募（Talent Aquizition，TA）團隊的時候，有一個大難題，就是很多高階人才的履歷並不在網路上，而是存在於社交網路中，那如何運用個人社交網路找到更多專家呢？說實話，一下子沒有什麼好辦法。於是筆者就訪談了幾位在TA

工作中的高績效招募專家，他們各有各的絕招，但有兩個要點一下就在訪談中浮現出來：第一，在和專家溝通的過程中，首先要求自己的專業性被認知，這個非常重要，是招募人員和專家人選建立信任的起點。一個 TA 人員開始講述專業知識的時候，是會受人尊敬的；同時，在溝通前準備一些可能是共同熟人的資料，如果能碰上，正好大家都認識，那關係更進一步，如果沒有也無所謂，展示了你在圈子中的人脈。如果是合適的人選，這個時候就可以進入流程了，如果不是，要持續加好友維持朋友圈關係。到這一步，大部分的 TA 人員都能做到。第二，有一個 TA 人員很棒，她會在持續的業務知識學習中，持續向已知的專家問問題，當然這些專業問題也是她在掌握過程中所必需的，請教了一個星期後她會無意地問一個問題，就是辦公地址。當然這個問法很隱蔽，不讓人覺得好像是在查戶口，這個時候她就會郵寄一個小禮品過去，200 元以內。等快遞到了之後，她才會和這位專家說感謝您從認識以來對我的指導，我認為很有幫助，您真是我專業上的老師，為了表示感謝，向您表示一下我的心意，於是相互之間的信任關係就更進一步。她會順勢說，我那個職位還沒有找到合適的人選，如果從您的視角看，您認為有合適的人嗎？這種情況下，這位專家大機率會推薦候選人，當然有時候電話也會給出來。逐漸這樣做，這個 TA 專家就能進入一個新圈子，她的高階人才招募效率就更高了。在訪談中我發現這個過程有人說和人選喝咖啡、吃飯什麼的，一是難以約時間，二是效果相對差，唯獨贈小禮物這個方式，尤其值得鼓勵，所以把這個方法定為首選，因為 200 元以下的禮物，一般組織都可以接受這樣的「人情往來」，而不會認定是受賄。

以上例子都是在個人層面的活動或任務上，我們再講一個流程活動的例子。在組織中，最難搞的是需求，需求管理在很多組織中都會變成

附錄　簡說流程管理

玄學，看個人能力，因此需求的收集和還原都很難。

我們一共找到了四個要點。第一是如何描述一個需求，很多組織都是一句話，我們提了一個標準，除了客戶基本資訊和場景之外，還要求回答幾個問題：①使用者要解決的問題是什麼？②問題影響了誰？③使用者目前是如何解決的？④問題多長時間發生一次？⑤客戶預期或驗收標準是什麼？⑥不解決的後果或解決後收益是什麼？⑦客戶或者你的建議方案是什麼？這幾個問題問清楚了，這個講需求的人就基本搞清楚了，這是在接觸客戶最前端的人在描述需求時必須搞清楚的，必須成為組織的強行要求。第二是如何還原一個需求，就是一線描述完畢了，產品端如何能準確地理解和判斷這個需求呢？又向產品經理提煉了三個關鍵點，分別是：問題發生頻率（頻度）、問題普遍性（廣度）、痛苦鏈（強度。對痛苦鏈的哪一級有影響？影響有多大？）。這三個問題是影響需求能否納入後續開發的關鍵。第三是需求評審，評審的核心是這個需求是否還原清楚了。這三個度是否準確，以及是否符合策略，這樣策略、需求和產品開發就聯結起來了。那麼大家說這樣做就完整了嗎？還有第四個要點，就是產品需求要讓開發人員搞懂，所以又根據布朗牛（Brown Cow）的原理來講新故事和老故事，需求沒有解決之前客戶的故事是什麼，講清楚場景和步驟；需求解決後客戶的故事是什麼，講清楚場景和步驟。這樣開發人員一看，哦，原來是要實現這樣的功能，秒懂！你看這樣一個難題靠這四個活動就搞清楚了，這四個活動有前後順序，相互依賴，少一個環節也不行。這樣做下來，組織對客戶需求的掌控和處理就上了一個新臺階。

以上內容想說的就是亮點在節，追求在章。讀者在市面上能看到的例子，例如整合產品開發（IPD）、整合供應鏈（ISC）比較多。這裡舉一

個財務流程。

　　財務第一個業務指標和業務一樣，關注的是銷售收入；第二個是利潤。管銷售收入只要統計數字就好，管利潤就要建立規則，特別是淨利潤。一旦建立規則就相當於對營運流程提出了新要求，畢竟，如果是業務部門自己，它只管自己的營運流程成本和人工成本就好，一旦要算整個淨利，就意味著它要分攤公共成本，就涉及規則，但這個還好，畢竟管理與支持流程提供了服務，業務部門只是對多少有意見，不會對給不給有意見。一般組織的財務指標做到這裡就算是達標了。

　　那如果財務工作追求在章，一般該怎麼做呢？有一部分組織是從回款週期開始抓的，一般對於銷售來說，合約成立是他們最關注的，回款是關注的次要部分，有的組織銷售人員根本就不管這一塊。那這個時候回款就是一個特別難的事情，甚至有的公司會集中成立一個部門來專管回款，把回款作為一個專業。這種方式好不好呢？算是比較進步了。但我們要了解到，回款的目的是什麼？是加快資金周轉效率（如果從這個角度來看，只管回款的視野還小了很多），再進一步說，就是讓錢生錢再快一點，此時該怎麼辦呢？要從整個組織和客戶接觸的觸點來設計組織的回款流程，再前置到合約中的付款條款以及內外部溝通節點的設計。這樣才能夠把回款工作做好。一般組織會直接把回款指標加到銷售人員的績效指標中，這樣的方式太生硬。可以用回款提升的比例來獎勵銷售，同時對銷售人員提出最基本的回款週期要求，或許是一個更好的辦法。如果一個公司的財務流程能夠把回款管理到業內先進水準，就算是「追求在章」了，可以算財務負責人一個卓越的績效。

　　那管好了回款就是盡頭了嗎？不是的！哪些策略事項的投入產出高呢？如果不能做出事前猜想，能不能做成事後結算呢？能不能把這些財

> 附錄　簡說流程管理

務資料服務到具體的產品線和專案呢？如果一個公司的財務能夠做到這樣，是不是算非常優秀的呢，這就叫「追求在章」。

掌握了這個原則，你是不是對所在組織中的某類流程或者某個活動有了改進的想法呢？如果是這樣，流程管理就從認識到行動了，剩下的當成一個專案去推進就可以了。

這裡筆者想提醒的是：不要著急，先找突破點，先找亮點，然後撬動「章」，然後想辦法做到多個「章」的優秀，你便能達到自己的目的了。如果讀者認為所在組織的流程不過是服務客戶的一段流程而已，那這個「章」就和市場真正接軌了。

3. 流程和數位化

在當代，談流程不能不談數位化。部分組織缺乏數位化能力，對流程的理解也欠缺，所以數位化的階段相對來說比較初級。那麼數位化和流程結合，有幾個階段呢？

第一個階段是為了數位化而數位化，就是把現在線下的流程改成了線上。主要的作用是資料在線上可見了，但即使如此，也會改變大家的習慣，推行一個數位化專案上線好難呀！

第二個階段是對流程中的「節」有了好的線上化設計，這個時候大家就喜歡用一些系統的功能了，但還是認為已經上線的系統存在明顯不足。

第三個階段是對一類流程能夠很好地進行線上應用，能夠在這個領域內看各類前置資料，形成高層管理的駕駛艙了，這個時候流程管理的水準其實達到了「追求在章」的水準。

第四個階段就是主要流程全面數位化，乃至改變商業模式。因此你看數位化的水準完全取決於流程的水準，反過來又賦能流程。這個年代並不缺技術，而是缺乏對業務的理解。

　　在這裡，筆者舉個例子，來闡述在「節」上的應用，進而連結到「章」。還是拿 W 公司 TA 團隊的招募來舉例，招募系統目前的成熟度算是比較高的，AI、物聯網等技術已經具備了應用的基礎。那 AI 怎麼用呢？供應商介紹的第一個應用是招募中的人才地圖（Talent Mapping）輔助，什麼意思呢？就是當你想看對手公司的時候，系統會自動解析履歷庫中對應的履歷，然後按照地域、時間、部門歸納成對手的組織機構圖，一直到職位和人選。這個功能看起來很炫，但用好不容易，因為一是人才庫裡的資源有限，二是大部分組織都會按照年度調整組織結構。這兩個因素導致系統對實際 Mapping 幫助有限。

　　後來 W 公司總結了一個應用，什麼應用呢？利用 AI 做即時推薦。什麼意思呢？首先以規範職位描述（Job Description，JD）的方式，把對應的職責和任務搞清楚，在系統上（對外口徑）發 JD 只發職責不發任務（保密需求，此任務非流程分級中的任務，而是指完成職責需要展開的活動）；但職責的描述要包含任務的關鍵字，這樣系統透過解析 JD 和履歷庫中的 JD 去配對。解析的結果會出現在需求介面的右側，你如果不滿意可以修改和增加關鍵字，這樣就實現了一個功能，無論我何時建立一個什麼樣的 JD，系統都可以為我推薦出來配對度最高的履歷以及這個候選人的面試評價（如果之前有），當然之前面試通過的優先順序會最高。與此同時，W 公司也可以引導不同部門在相同職位上職責和任務的一致化，有利於人力資源在整個公司內部調動。這個「節」經過一家公司的設計，已經開始應用，組織和獵頭都很歡迎這個業務設計，它第一次找到

> 附錄　簡說流程管理

了一個更實用的 AI 技術在 HR 行業的應用場景。

你看這裡有幾個「節」是很「亮」的：第一個節是要求統一需求的描述，就是要描得準，有什麼職責，做什麼任務，需要什麼能力，這樣就能找得準；第二個就是透過數位化實現了即時推薦，這個時候第三個「節」就出來了，就是給業務人員帳號，他們也喜歡自己上去看看，同時根據自己的理解修改一下解析出來的關鍵字。你看他這個動作導致組織資產逐漸收集起來了，再加上對人才密度的重視和面試技術的培訓，這樣就提高了整個招募流程的效率，基本達到了「追求在章」。

4. 流程管理中易犯的錯誤

在流程管理中容易犯的一些錯誤，筆者也列出來供大家參考。

第一個失誤就是專業至上。我們目前的工作和任務越來越專業化和細分了，在一個專業人員看來理所當然的事情對其他專業來講就是不可理喻，因此流程管理一定要注重貢獻，從端到端來看流程的輸入和輸出，基於貢獻最大化去設計，這是在流程管理中最容易陷入的失誤，「用我最專業的視角，設計最專業（複雜）的流程」。只見樹木不見森林，沉浸在「節」中，認為這是亮點，是專業競爭力。

第二個錯誤是眼睛向內看得多，向外看得少。不願意去學習更先進的流程，總認為我們有自己的特色，這是第二個容易犯的錯誤，在有一點成績的時候夜郎自大。做流程一定要善於向外學習，特別是複雜度高的流程，要有拿來主義的精神！只有這樣才是在「章」上有追求。而不是轉來轉去，只在自己組織內部驕傲，失去掌握人類頂尖智慧結晶的機會。

第三個錯誤是貪圖求多。流程管理在「章」上的成就越多，組織的生命力也越強，但無法一下子達到，如果操之過急就會被打回原形。要知道一個流程的深入其實是一個變革項目。不僅僅是流程描述變了，是個體和團隊執行任務的行為方式都變了，當然工具也會產生變化。因此先在「節」上有亮點，再求一個「章」的變化，一個「章」出現變化原則上也要 3 年左右的時間。這個時間不白費，相當於在鍛鍊組織的變革能力，創造屬於組織獨有的變革模式。

關於流程管理就講到這裡，筆者並沒有去舉例講一個流程的構成，因為讀者隨處可得，但建立起來以上四個方面的知識框架，是當前組織所需要的。

附錄　簡說流程管理

參考文獻

參考文獻

[1] 彼得·杜拉克.管理：使命、責任、實務[M].王永貴譯,2009.

[2] 彼得·杜拉克.卓有成效的管理者（55週年新譯本）[M].辛弘譯,2022.

[3] 彼得·杜拉克.管理的實踐[M].齊若蘭譯,2009.

[4] 詹姆斯·馬奇,赫伯特·西蒙.組織[M].邵沖譯,2008.

[5] 切斯特·巴納德.經理人員的職能[M].王永貴譯,2007.

[6] 哈羅德·孔茨.再論管理理論的叢林[M],1980.

[7] 艾爾弗雷德·斯隆.我在通用汽車的歲月[M].劉昕譯,2005.

[8] 弗雷德蒙德·馬利克.正確的公司治理[M].朱健敏譯,2009.

[9] 艾瑞克·施密特,喬納森·羅森伯,艾倫·伊格爾.重新定義公司：Google是如何營運的[M].靳婷婷譯,2019.

[10] 傑弗瑞·萊克 大衛·梅爾.豐田人才精益模式[M].錢峰譯,2010.

[11] 戴維·尤里奇.人力資源轉型[M].李祖濱,孫曉平譯,2015.

[12] BILL CURTIS, WILLIAM E. HEFLEY, SALLY A. MILLER. The people capability maturity model[M]. Boston: Addison-Wesley, 2002.

[13] 埃德加·席恩.組織文化與領導力[M].馬紅宇,王斌等譯,2011.

[14] 埃德加·席恩.企業文化生存與變革指南[M].馬紅宇,唐漢瑛等譯,2017.

[15] 埃德加·席恩.過程諮詢Ⅰ：在組織發展中的作用[M].葛嘉譯,2022.

[16] 埃德加·席恩.過程諮詢Ⅱ：顧問與管理者的必修課[M].葛嘉,吳景輝譯,2022.

[17] 埃德加·席恩. 過程諮詢Ⅲ：建立協助關係 [M]. 葛嘉, 朱翔譯, 2022.

[18] 羅伯特·A·伯格曼, 韋伯·麥金尼, 菲利普·E·梅扎. 七次轉型 [M]. 鄭剛, 郭豔婷等譯, 2018.

[19] 野中郁次郎, 竹內弘高. 創造知識的企業 [M]. 李萌, 高飛譯, 2006.

[20] 大衛·漢納. 組織設計 [M], 2014.

[21] 阿圖·葛文德. 清單革命 [M]. 王佳藝譯, 2012.

[22] 阿圖·葛文德. 醫生的修煉 [M]. 王一方主編. 歐冶譯, 2015.

[23] 包政. 管理的本質 [M], 2018.

[24] 叢龍峰. 組織的邏輯 [M], 2021.

[25] 托尼·薩爾德哈. 數位化轉型路線圖 [M]. 趙劍波等譯, 2021.

[26] 拉姆·查蘭, 史蒂芬·德羅特, 詹姆斯·諾埃爾. 領導梯隊 [M]. 徐中, 林嵩, 雷靜譯, 2011.

[27] 比爾·康納狄, 拉姆·查蘭. 人才管理大師 [M]. 劉勇軍, 朱潔譯, 2012.

[28] 王玉榮, 葛新紅. 流程管理 [M], 2016.

[29] 約瑟夫·A·馬恰列洛. 價值永恆 [M]. 慈玉鵬譯, 2020.

[30] 俞朝翎. 幹就對了 [M], 2020.

[31] 田濤. 華為訪談錄 [M], 2021.

[32] 何紹茂. 華為策略財務講義 [M], 2020.

參考文獻

[33] 金景芳，呂紹剛．周易全解［M］，2019．

[34] 馮雲霞，武守強．高效學習密碼：知信行三維管理學習［M］，2022．

[35] 理查·魯梅爾特．好策略，壞策略［M］．蔣宗強譯，2017．

致謝

致謝

如果說這本書只能感謝一個人，我認為一定是馮老師。馮老師一直關注組織成熟度這個話題，在我有想法寫一本書時，她親自指導我如何寫一本書，出版一本書。

如果沒有和馮老師的茶敘，就不會有這本書第二部分的第三章到第七章；之後馮老師又將她的愛徒、合作者武老師介紹給我，第二部分的第八章就是在武老師的建議下形成的；端午節的時候，馮老師又特地給我建議，如果寫一個案例分析，這個書的結構會更完善。由於缺少第一手材料，我剛開始對此是有所排斥的，正是在馮老師的引導下，讀者才能看到目前的第九章〈組織的演進：惠普77年〉。馮老師還在百忙之中抽出時間幫我從頭到尾改稿，熱心地幫我寫推薦序。所以我數次提議讓馮老師和武老師作為署名作者，但都被他們拒絕了。這樣的江湖相助，讓人倍感人間之暖、世間之善。

其次，我要感謝四位顧問界的老師，在本書的形成過程中給了我很多回饋，讓內容更加完善。馮老師身在英國還特別惦記為我作序推薦，她同時也是極少數 SEI 授權的 PCMM 講師。程老師是我做 PCMM 認證專案時的諮詢顧問，我們認識了十幾年，每當我有需求時，他們都會隨時「拔刀相助」。

再次，要感謝我在使用成熟度理論實踐過程中的兩位發起人——我的前主管們，沒有他們作為發起人高瞻遠矚地發起變革專案，我就沒有實踐的機會。佘總從頭到尾看完了本書並給了回饋，劉總還特地作序推薦。在管理實踐過程中，我的三位直屬長官更是給了我具體的指導，她們三位風格迥異，沒有她們的指導，我可能還只是一個空知道不少理論的「書生」，對如何在組織場景中應用毫無所知。當然，我的同事們也幫助甚多，就不逐一感謝了。

最後，要感謝我的家人和老師們。我出生在一個文、武傳統都非常濃厚的家族，父母花了非常大的精力讓我接受好的教育。我的啟蒙老師是我的父親，他希望我能夠傳承家族的文、武傳統，我也一直按照這個要求在努力。在我求學的過程中，多位老師都對我幫助甚多，他們都是我人生中的榜樣。我的另一半一直對我很信任，凡是事業上的事情都無條件支持我，是另一半和孩子們給了我家庭的溫暖，是我生活動力的泉源。

因此，在成書之際，特別撰文，真誠感謝上述所有人！

邢豔平

重構競爭力，從混亂到穩定的系統進化法：

策略到執行，五大階段成熟度模型引領企業成為數位經濟贏家

作　　　者：	邢豔平
發　行　人：	黃振庭
出　版　者：	沐燁文化事業有限公司
發　行　者：	沐燁文化事業有限公司
E-mail：	sonbookservice@gmail.com
粉　絲　頁：	https://www.facebook.com/sonbookss
網　　　址：	https://sonbook.net/
地　　　址：	台北市中正區重慶南路一段61號8樓 8F., No.61, Sec. 1, Chongqing S. Rd., Zhongzheng Dist., Taipei City 100, Taiwan
電　　　話：	(02)2370-3310
傳　　　真：	(02)2388-1990
印　　　刷：	京峯數位服務有限公司
律師顧問：	廣華律師事務所 張珮琦律師

版權聲明

本書版權為中國經濟出版社所有授權崧博出版事業有限公司獨家發行電子書及繁體書繁體字版。若有其他相關權利及授權需求請與本公司聯繫。

未經書面許可，不可複製、發行。

定　　　價：350元
發行日期：2024年12月第一版
◎本書以POD印製
Design Assets from Freepik.com

國家圖書館出版品預行編目資料

重構競爭力，從混亂到穩定的系統進化法：策略到執行，五大階段成熟度模型引領企業成為數位經濟贏家 / 邢豔平 著 . -- 第一版 . -- 臺北市 : 沐燁文化事業有限公司, 2024.12
面；　公分
POD版
ISBN 978-626-7628-03-4(平裝)
1.CST: 組織管理 2.CST: 企業領導 3.CST: 企業經營
494.2　　　　　113018336

電子書購買

爽讀APP　　　臉書